给水系统工程设计·计算举例暨问题解答40条

王烽华　编著

中国建筑工业出版社

图书在版编目（CIP）数据

给水系统工程设计·计算举例暨问题解答 40 条/王烽华编著. —北京：中国建筑工业出版社，2014.11
ISBN 978-7-112-17202-3

Ⅰ. ①给… Ⅱ. ①王… Ⅲ. ①给水工程-问题解答 Ⅳ. ①TU991-44

中国版本图书馆 CIP 数据核字（2014）第 194102 号

本书在国家或行业现行规范标准、给水排水设计手册、国家标准图集等基础上编写。内容主要包括：工业建筑管网水力计算；热水供应系统工程设计计算；雨淋系统设计要点及工程设计计算；问题解答 40 条等四个部分共 15 章。

本书可供暖通、给水排水设计人员、研究人员和大专院校师生参考。

责任编辑：于 莉 姚荣华
责任设计：李志立
责任校对：李美娜 党 蕾

给水系统工程设计·计算举例暨问题解答 40 条
王烽华 编著
*
中国建筑工业出版社出版、发行（北京西郊百万庄）
各地新华书店、建筑书店经销
霸州市顺浩图文科技发展有限公司制版
化学工业出版社印刷厂印刷
*
开本：850×1168 毫米 1/32 印张：5⅞ 字数：157 千字
2015 年 1 月第一版 2015 年 1 月第一次印刷
定价：**22.00** 元
ISBN 978-7-112-17202-3
（25933）

编写说明

本书着重参考：国家或行业现行规范、标准；地方标准；给水排水设计手册；国家标准（给水排水专业）图集“国家建筑标准设计图库（GBTK2006），自动喷水与水喷雾灭火设施安装（04S206）”；教科书；军工企业既往标准及沿用图纸、资料等进行编写。内容主要包括：第一部分工业建筑管网水力计算；第二部分热水供应系统工程设计计算；第三部分雨淋系统设计要点及工程设计计算；第四部分问题解答 40 条 4 个部分共 15 章。

第一部分工业建筑管网水力计算分 3 章：第 1 章管网流量计算；第 2 章工业建筑管网水力计算；第 3 章工业建筑管网水力计算举例。

第 1 章管网流量计算：城镇通过长度比流量（q_{cb}）或面积比流量（q_{mb}）求取沿线流量后，再按各 1/2 用水量分配到连接该管段的相邻节点上，或曰将该管段沿线流量平分于始末两端；工业建筑则应对生产用水量、生活用水量、空调系统补水量、冲洗用水量等一一列表求算，并汇总各建筑最大时总用水量。最后按各工房区域位置就近作为管段上或节点处集中流量。

第 2 章工业建筑管网水力计算：管网水力计算工况和环状管网水力计算的计算条件及管网平差计算的步骤两者基本相同。

第 3 章工业建筑管网水力计算举例：例题为北方某工业企业，由厂前区、生产区、试验销毁场、总仓库区等组成的基地面积共 48.99hm^2（$<$100hm^2），按《建筑设计防火规范》工厂在同一时间内的火灾次数为 1 次。该项目最高时与最高时加消防的用水量全部由两座 500m^3 的高位水池供给，水池出水通过管网直供厂区生产、生活、消防及雨淋等用水量。工艺设备冷却水循环使用，卫生设备节能明显，于是给水用量偏小而消防用水量过大。按最高日最高时计算时由于流量偏小，各管段均呈现大管径

低流速，甚至于很难进行水力计算；用最高时加消防进行校核时大管径可行，但终归是短暂的而与常态运行无济于事。故设计除正确确定高位水池向管网供水的接管点外，还对消防用水量最大的602号建筑物特别设置如图3-3中下方消防专用环网，其周边601、609给水接管点改道，同时对厂前区402、411、412和407、414及其他用水点接管由上方节点改为下方节点。计算详见【题意】、【题解】、图3-2最高时管网水力计算、图3-3最高时加消防管网水力计算。

新中国成立至今，从教科书到给水排水设计手册，管网水力计算一直着眼于城镇管网，工业企业管网的水力计算，虽相关资料屡见不鲜，但书籍记载却很少见。工业建筑管网水力计算是作者工作经验和学习心得，期盼对各位同行能起到抛砖引玉作用。

第二部分热水供应系统工程设计计算共5章：第4章 热水用水量标准和水温；第5章 热水供应系统分类；第6章 热水给水管道的设计流量；第7章 热水配水管道水力计算；第8章 开式上行下给强制全日干、立管循环集中热水供应系统计算例题。

第4章热水用水量标准和水温：表4-1卫生器具的给水额定流量、当量、连接管公称管径和最低工作压力；表4-2热水用水定额；表4-3卫生器具的一次和小时热水用水定额及水温；水加热设备出口的最高水温和配水点的最低水温等均摘自《建筑给水排水设计手册》第二版（上册）。冷水的计算温度依据《建筑给水排水设计规范》GB 50015—2003（2009年版）表5.1.4整理而成。

第5章热水供应系统分类：摘自《手册》表4.3-1。

第6章热水给水管道的设计流量：居住小区室外热水管道设计流量计算人数摘自《建筑给水排水设计规范》GB 50015—2003（2009年版）（以下简称《规范》）表3.6-1；住宅设计秒流量按《规范》3.6.4条，并按下列步骤求算：①生活给水管道最大用水时一个卫生器具给水当量平均出流概率U_0；②计算管段卫生器具给水当量同时出流概率U；③计算管段设计秒流量q_g；

住宅最大时用水量按《规范》3.1.9条规定计算；建筑热水引入管的设计流量按《规范》3.6.3条的要求确定；居住小区配套的文体、餐饮娱乐、商铺及市场等设施应按〈规范〉3.6.5条、3.6.6条规定计算。

第7章热水配水管道水力计算：计算依据及要点：计算依据主要指本书汇总的热水给水管道设计流量计算公式；管道水力计算采用的表格按《建筑给水排水设计手册》第二版（下册）或《建筑给水排水设计手册》1992年版“16.5　热水管水力计算”。要点指卫生器具的额定流量和当量按表4-1中一个阀开的数据；热水管道中的流速限值；热水管道计算时单位长度水头损失和局部水头损失的取值；值得注意的是——热水的计算温度采用60℃（即供水和回水的平均温度），所以热水密度 $\gamma=983.24$ kg/m^3（0.98324kg /L），运动黏滞系数 $v=0.478\times10^{-6}$ m^2/s；为使广大工程技术人员加深对《手册》中计算式的理解，作者斗胆对《建筑给水排水设计手册》第二版（下册）第19章管道水力计算中（19.1-4）摩阻系数 λ 计算公式和《建筑给水排水设计手册》1992年版16.5　热水管水力计算中（16.5-5）热水管单位水头损失 R 计算公式进行了推导，其目的是想让读者既知其一又知其二，推导过程见相关章节。系统计算步骤详见书中有关章节，其中热水管网自然循环计算步骤中第5款计算配水管网热损失时，金属管道绝热材料保温时的管道热损失及绝热层厚度表（环境温度30℃—介质温度60℃），单位长度热损失项摘自《国家建筑标准设计图库》（03S401/23），并增列外径和单位两项，表内1W/m ＝3.6kJ/(m·h)(如7.7W/m＝3.6×7.7＝27.72kJ/(m·h))；第6款计算循环流量，本书将规范和手册计算公式同时列出（左为规范式“单位kJ/h”，右为手册式“单位W”），便于工程设计计算。

第8章开式上行下给强制全日干、立管循环集中热水供应系统计算例题要点如下：

（1）第2款进行配水管网水力计算：管材为钢管，水力计算按《建筑给水排水设计手册》1992 年版“16.5 热水管水力计算”进行。表中沿程水头损失之单位水头损失为 mmH_2O/m，管段损失计算时按四舍五入取值，局部水头损失按沿程水头损失的 30%求取。

（2）第 4 款计算各管段终点水温：$t_z = t_a - \Delta t = t_a - M \frac{\Delta T}{\sum M}$，其中 t_a 为计算管段起点水温（℃）。节点水温计算起始加热器，至最不利配水点终了，故起点水温是加热器节点 14 热水供水温度（出口 70℃），经计算：节点 13 水温 64.5℃；节点 12 水温 64.4℃…，依次类推至配水管网最不利点节点 1 水温 60℃（温降 10℃）。

（3）第 5 款计算配水管网热损失：单位长度热损失 ΔW，由金属管道绝热材料保温时的管道热损失及绝热层厚度表（环境温度 30℃—介质温度 60℃）查取。

管段热损失 $W = l(1-\eta)\Delta W$。

（4）第 6 款计算循环流量：

管网总循环流量→$q_n = \frac{\sum W}{c\rho_r(t_1 - t_2)} = \frac{\sum W}{C\rho_r \Delta T}$，式中 ρ_r 为热水密度，$\rho_r = 0.98324$kg/L；C 为水的比热，规范和第三版《给水排水设计手册》计算式 $C = 4.187$kJ/(kg・℃)，第二版《建筑给水排水设计手册》（上册）计算式 $C = 4.187 \div 3.6 = 1.163$。

1973 年第二次出版发行的《给水排水设计手册》和 1986 年第三次出版发行的俗称紫皮《给水排水设计手册》，总循环流量计算式为 $q_n = \frac{\sum W}{\Delta T}$。

2001 年出版发行的《给水排水设计手册》第二版和 1992 年出版发行的第一版专业设计手册——俗称白皮《建筑给水排水设计手册》，总循环流量计算式为 $q_n = \frac{\sum W}{C\Delta T}$。

2009 年版《建筑给水排水设计规范》与 2008 年出版发行的

白皮《建筑给水排水设计手册》第二版（上册）以及 2012 年出版发行的《给水排水设计手册》第三版，给出总循环流量计算式如下，左为规范和第三版《给水排水设计手册》计算式、右为第二版《建筑给水排水设计手册》（上册）计算式：

$$q_x=\frac{\sum W}{C\rho_r \Delta T} \text{或} q_x=\frac{\sum W}{1.163\rho_r \Delta T}$$

由于实例与 1992 年版本基本相同，只是因加热器卧式改立式画法不同，总循环流量计算式仍为 $q_n=\frac{\sum W}{C\Delta T}$。

本文总循环流量完全按左侧计算式 $q_x=\frac{\sum W}{C\rho_r \Delta T}$进行计算，结果如下。

$$q_{13-14}=\frac{6040.52}{4.187\times 0.98324\times(70-60)}$$

$$=\frac{6040.52}{4.187\times 0.98324\times 10}=146.73\text{L/h}$$

本书还就管段循环流量、侧向管段循环流量一并列出。

（5）第 7 款复算终点水温　　$t_z'=t_a-\frac{W}{C\cdot q}$

同第 4 款式中 t_a 为计算管段起点水温（℃）。节点水温计算起始加热器，至最不利配水点终了，故起点水温是加热器[节点 14]热水供水温度（出口 70℃），经计算：节点 13 水温 65.3℃，节点 12 水温 65.26℃……依次类推至配水管网最不利点[节点 1]水温 60℃（温降 10℃）。

侧向管段终点水温：由本款知节点 12 水温 65.26℃。

侧向管段终点水温（如 12′～12）：起始节点 12 水温 65.26℃，于是有：

$$\begin{cases} 12'\sim 12 \text{下行：} t_z'=65.26-\frac{431.22}{4.187\times 20.54}=65.26-\frac{431.22}{86.00}=60.25 \\ 12'\sim 12 \text{上行：} t_z'=60.25-\frac{146.45}{4.187\times 20.54}=60.25-\frac{146.45}{86.00}=58.55 \end{cases}$$

其他侧向管段终点水温的计算结果一一列出，以便读者深入了解。

(6) 第 8 款计算循环水头损失：详见〈循环水头损失计算〉表。

由于循环流量小，单位长度水头损失和局部水头损失难以从相关表格查取，故按下列顺序求算各值：流速 V→每米 R→管段 RL→水头损失 h。

1）$V=q\div1000\div3600/0.785d_{\mathrm{j}}^{2}$，计算结果得知流速值均 <0.44，于是采用下式求算 R。

2）$R=0.000897\dfrac{v^{2}}{d_{\mathrm{j}}^{0.3}}\left(1+\dfrac{0.3187}{v}\right)^{0.3}\times1000$ 或 $R=0.897\dfrac{v^{2}}{d_{\mathrm{j}}^{0.3}}\left(1+\dfrac{0.3187}{v}\right)^{0.3}$

附：R 计算式 1992 年版白皮《建筑给水排水设计手册》(16.5-5) 与 2001 年出版发行的《给水排水设计手册》第二版第 1 册常用资料（18-5）应×1000，当热水密度 $\gamma=983.24\mathrm{kg/m^{3}}$ 时 R 值求算应以后式为准。

第三部分雨淋系统设计要点及工程设计计算涉及 3 章：第 9 章设计要点；第 10 章雨淋阀（雨淋报警阀简称，亦可称成组作用阀门）；第 11 章雨淋系统计算举例。

第 9 章设计要点→要点如下：

(1) 开式喷头——在我国发展过程为：

1）1968 年首次出版发行和 1973 年第二次出版发行的《给水排水设计手册》中，我国只有通水口径为 12.7mm 的易熔金属元件闭式喷头以及由此而衍生的 12.7mm 的开式喷头。

2）1986 年第三次出版发行俗称紫皮《给水排水设计手册》和 1992 年出版发行俗称白皮的《建筑给水排水设计手册》中，我国相继生产有易熔金属元件和玻璃球的闭式喷头以及由此而衍生的开式喷头，此时规格有 12.7mm、10mm 两种。

3）自 2001 年出版发行的《给水排水设计手册》第二版和

2008年出版发行的白皮《建筑给水排水设计手册》第二版至今，玻璃球闭式喷头取得长足发展，逐渐采用无火灾感应装置（即热敏元件或闭锁装置）的闭式喷头；开式喷头大多采用ZST型玻璃球喷头去掉玻璃球后的闭式喷头，规格有公称直径$DN15$（通水口径11mm）和公称直径$DN20$（通水口径15mm）两种。

开式喷头—喷头出流量：

（1）1973年《给水排水设计手册》通水口径12.7mm：$q=\sqrt{BH}$（L/s），其中$\sqrt{B}$为：

$$\sqrt{B}=\mu \frac{\pi}{4} d^2 \sqrt{2g} \times \frac{1}{1000} \ [\mathrm{L/(s \cdot m^{\frac{1}{2}})}]$$

注：（d）12.7mm；（μ）0.766；（B）0.184 $[\mathrm{L^2/(s^2 \cdot m)}]$；（$\sqrt{B}$）0.429 $[\mathrm{L/(s \cdot m^{\frac{1}{2}})}]$。

（2）1986年紫皮、2001年、2012年三版《给水排水设计手册》，1992年白皮和2008年白皮《建筑给水排水设计手册》（第二版）

通水口径12.7mm（由1973年$q=\sqrt{BH}$式推出，系数μ采用0.7）：

$$Q=0.392\sqrt{H} \ (\mathrm{L/s}) \qquad 10\mathrm{m} \rightarrow 1.24\mathrm{L/s}$$

通水口径10mm：$Q=0.243\sqrt{H}$（L/s）

当采用闭式喷头去掉闭锁装置后作为开式喷头使用时，其喷头出流量应按以下闭式喷头出流量公式计算（喷头特性系数K等于1.33，当$K=80$时喷头出水量为‘L/min’）：$q=K\sqrt{P}$（L/s）。

（3）按规范公式：

先按1992年白皮《建筑给水排水设计手册》（2.3-2）式导出规范公式，P以兆帕计→

$$q=K\sqrt{10P} \ (\mathrm{L/s})$$

通水口径11mm：$q=4.216\sqrt{P}$（L/s）　0.1MPa→1.33L/s

通水口径15mm：$q=6.061\sqrt{P}$（L/s）　0.1MPa→1.92L/s

式中：P 为喷头处水压（MPa）；K 为喷头流量特性系数（通水口径为 11mm 时 $K=80$，通水口径为 15mm 时 $K=115$）。

（4）按水力学管嘴出流基本公式：

水力学管嘴出流基本公式：$Q=u\omega\sqrt{2gH}=uF\sqrt{2gH}$

通水口径 11mm：$Q=0.337\sqrt{H}$（L/s）　　10m→1.06L/s

通水口径 15mm：$Q=0.900\sqrt{H}$（L/s）　　10m→2.85L/s

式中：H 为喷口处水压（mH_2O）；喷头流量系数 μ，当喷头处水压以 mH_2O 计时，由于 $1MP=10kg/cm^2=100mH_2O$，故通水口径为 11mm 时 $K=80/100=0.8$，通水口径为 15mm 时 $K=115/100=1.15$；

（5）其设计要点：一要谨慎选择喷头，二要按规范要求求取喷头出流量。

第 10 章雨淋阀

雨淋阀是开式自动喷水灭火系统中的核心组件。按结构方式分为杠杆式、活塞式、隔膜式；按灭火介质（水）运动轨迹分为截止阀式、直通式（立式）、角阀式。

其设计要点应该是：一要明晰产品类型，乃至在火灾探测传动控制系统中的作用原理；二要熟练掌握雨淋阀水头损失计算方法。

雨淋阀类型：

我国第一个五年计划期间从苏联引进减压双圆盘雨淋阀，1984 年上海消防器材总厂从澳大利亚引进、生产 ZSY 系列自动喷水雨淋装置。1990 年《全国通用给水排水标准图集》列出 ZSY 系列自动喷水雨淋装置。1992 年出版发行的俗称白皮《建筑给水排水设计手册》推荐 ZSFY 型雨淋阀，仅 1 个品牌 3 种规格——ZSFY100、ZSFY150、ZSFY200。2004 年《自动喷水与水喷雾灭火设施安装》04S206 推出 ZSFM 系列隔膜式雨淋报警阀组和 ZSFY 系列雨淋报警阀组 2 个品牌 7 种规格。2008 年出版发行白皮《建筑给水排水设计手册》第二版推荐 ZSFG 型雨淋阀（A 型雨淋阀类同）1 个品牌 2 种规格。从网络得知，至今雨淋报警阀已增至角式隔膜雨淋阀、推杆式雨淋阀、直通式隔膜雨淋阀及 DY609X、SYL01……水控式雨淋报警阀共 4 个品牌，与此同时研发生产厂家也不断增多。

（1）既往沿用的减压双圆盘雨淋阀（活塞式）和减压隔膜式雨淋阀（隔膜式截止阀式）构造基本相同，只是大圆盘和橡胶隔膜不同而已。共有 $d=65$mm、$d=100$mm、$d=150$mm 三种规格。

（2）ZSFM 角式隔膜雨淋报警阀（角阀式），属国标图集指定产品，共有四种型号依次为 ZSFM50、ZSFM100、ZSFM150、ZSFM200。

（3）ZSFG 推杆式雨淋阀（杠杆式），系现行给水排水设计手册推荐产品，有 *DN*100、*DN*150 两种型号。

（4）ZSFM 直通式隔膜雨淋报警阀（立式），在国标图集与给水排水设计手册中均未列出，但工程设计经常采用。常见 *DN*100、*DN*150、*DN*200、*DN*250 共 4 种规格。

（5）DY609X、SYL01 水控式雨淋报警阀，在国标图集与给水排水设计手册中亦未列出。

1）DY609X 水控式雨淋报警阀

共有三种型号，依次为 *DN*100、*DN*150、*DN*200。该类雨淋阀品牌较多，以上海为主已有数十个生产厂家。

2）SYL01 水控式消防雨淋阀

是浙江永嘉卫博阀门厂研发生产的新品牌，当前大致有六个规格，依次为 *DN*50、*DN*65、*DN*80、*DN*100、*DN*150、*DN*200。

本书列出（涂色）隔膜式雨淋阀，可使读者对 A、B、C 三室看得更清，更易理解工作原理。书中同时列出 ZSFM 角式隔膜雨淋阀构造图、ZSFM 角式隔膜雨淋阀准备工作状态图、ZSFM 角式隔膜雨淋阀工作状态图，可使读者一清二楚认知该阀，从而解决国标图集难以看懂的难题。列出 ZSFG 推杆式雨淋阀简化构造图并加注释附工作原理，同样可使读者对该阀看得更透彻、了解更清楚。列出 ZSFM 直通式隔膜雨淋报警阀构造图可使读者对这一款图集与手册均未列出，但工程设计经常采用的产品有一个全面了解。DY609X、SYL01 两款水控式雨淋报警阀构造图的列出，对工程设计有一定的帮助。

雨淋系统局部水头损失：

雨淋系统局部水头损失通常指雨淋阀门和手控旋塞阀、进水信号阀、检修试验信号阀、止回阀等的局部水头损失，其实最费解的是困扰设计的雨淋阀门的局部水头损失。既往困惑不解时则注“以制造厂或厂家提供的数据为准”，好一点列出数据再注“仅供参考”，到头问题尚存。作者认为雨淋阀门的局部水头损失计算大致有以下五种方法：

① 阻力系数法：当摩阻系数已知时通过水力坡降计算公式求得 i 值$\left(i=\lambda\dfrac{1}{d_{\mathrm{j}}}-\dfrac{v^2}{2g}\right)$；再通过 $B_{\mathrm{k}}=\dfrac{i}{Q^2}$求取比阻值；最后通过 $h=B_{\mathrm{k}}Q^2$ 求算雨淋阀门的局部水头损失。

② 以比阻值直接求算：$h=B_{\mathrm{k}}Q^2$，减压双圆盘雨淋阀（活塞式）和减压隔膜式雨淋阀（隔膜式截止阀式），比阻值已知可按此法计算。

③ 以当量长度法计算：

当量长度是以管道直径为单位，将管件、阀门等的局部阻力折合成直径相同，长度为 L 的直管所产生的阻力。再以该管段相应 i 值与其当量（等效）长度相乘求取水头损失，此水头损失即为要求的局部水头损失。

北京威盾消防安全设备有限公司 ZSFG 型雨淋阀：$DN100$ 当量长度 3.6m、$DN150$ 当量长度 10m、$DN200$ 当量长度 18m（英国喷宝自动洒水头有限公司 A 型雨淋阀类同）。

④ 以摩阻（局部水头）损失值直接查用：

四川天际消防器材有限公司生产的 ZSFG 型雨淋报警阀，摩阻（局部水头）损失≤0.07MPa。

南京消防器材股份有限公司（即南消）生产的 ZSFM 型角

式隔膜雨淋阀，摩阻（局部水头）损失按行业标准≤0.07MPa。按规格细化：ZSFM100 为 0.054MPa、ZSFM150 为 0.058MPa、ZSFM200 为 0.062MPa。

⑤ 比照 1992 年白皮《建筑给水排水设计手册》湿式报警阀的比阻值：DN100 为 0.0032、DN150 为 0.000869 进行计算。

汇总上述雨淋阀门局部水头损失计算方法，工程设计时可按具体采用的雨淋阀类型酌情计算确定水头损失。

a. ZSFM 角式隔膜雨淋报警阀：可按厂家给定的摩阻（局部水头）损失值直接查用。

b. ZSFG 推杆式雨淋阀：可按厂家提供的摩阻系数 λ 和当量长度，通过水力坡降计算公式或以当量长度求取。亦可按厂家给定的摩阻（局部水头）损失值直接查用。

c. ZSFM 直通式隔膜雨淋报警阀：与老式隔膜式雨淋阀相比，虽隔膜位置有别，但属同类。由于依据短缺，不得已可依照老式隔膜式雨淋阀相关数据，按比阻值计算。

d. DY609X、SYL01……水控式雨淋报警阀：当流速为 2m/s时，水头损失≤0.03MPa。

第 11 章　雨淋系统计算举例

要点有二：

(1) 管道水力计算方法

图一采用现行《建筑给水排水设计手册》中钢管的 $1000i$ 和 v 值。在满足起始喷头符合规范喷水强度要求前提下，计算时流速从低并尽可能放大管径，以便减少水头损失进而减小流量。

图二按比阻计算水头损失，利用流速系数乘以流量求算流速。

从计算结果可知：采用 $i=0.00107\frac{v^2}{d_j^{1.3}}$这一常用计算式，按水力坡降计算水头损失；和沿用 $h=ALQ^2$ 这一基本计算公式，以比阻计算水头损失，其结果基本一致。

这是因为 $A=\frac{0.001736}{d_j^{5.3}}$是由 $i=AQ^2$ 的变换式 $A=\frac{i}{Q^2}$导出

的。即将 $i=0.00107\frac{v^2}{d_j^{1.3}}$代入 $A=\frac{i}{Q^2}$中，经换算导出。导出过程详见第 14 章条目 31 自动喷水管道沿程水头损失计算中 31/(1)/3)。

(2) 关于流速

为使管道运行安全，给水范畴内各个体系对流速限值均有一定的要求。就管材而言，钢管允许流速一般不大于 5m/s，特殊情况下不应超过 10m/s。

为计算简便，可用流速系数乘以流量得出的流速校核流速是否超过允许的限值，公式为 $V=K_cQ$。

流速系数（K_c）值，从新中国成立至今一直被用于自动喷水灭火系统，其查用表格一如既往。但多年来，管道用材随着国家繁荣富强不断更新，品牌规格日趋增多。为此，经尝试借助 $v=K_cQ$ 导出 d_j 为 mm 时的 $K_C=1273.8854\times\frac{1}{d_j^2}$，并依此式演算得到本章流速系数 K_c 值。同时列出计算内径 d_j，工程运用中 d_j 不同时可直接以式计算求取。

问题解答 40 条分为 4 章：第 12 章建筑给水；第 13 章建筑热水；第 14 章建筑消防；第 15 章水源选择及其他。40 个条目中：建筑给水 19 条（1～19），建筑热水 5 条（20～24），建筑消防 12 条（25～36），水源选择及其他 4 条（37～40）。要点如下：

1）条目 3 水量计算按规范一一列出计算式，可供广大工程技术人员在设计的各个阶段计算水量用。

2）条目 8 调蓄构筑物容量计算时，按《建筑设计防火规范》第 8.1.4 条文说明需注意两点：①城市、居住区、企业事业单位的室外消防给水，一般均采用低压给水系统。为了维护管理方便和节约投资，消防给水管道宜与生产、生活给水管道合并使用。②当采用生产、生活和消防合用一个给水系统时，应保证在生产、生活用水量达到最大小时用水量时，仍应保持室内和室外消防用水量。

3）条目 11 应引起注意的是：止回阀只是引导水流单向流动的阀门，不是防止倒流污染的有效装置。此概念是选用止回阀还是选用管道倒流防止器的原则。管道倒流防止器具有止回阀的功能，而止回阀则不具备管道倒流防止器的功能。

4）条目 14 值得一提的是止回阀的安装位置：①卧式升降式止回阀和阻尼缓闭止回阀及多功能阀只能安装在水平管段，立式升降式止回阀不能安装在水平管段；②其他的止回阀均能安装在水平管段或水流方向自下而上的立管上。

5）条目 24 保温绝热层的选择：保温的目的在于减少系统的热损失，以节省能源。选用绝热材料的一般要求是：材料愈轻热绝缘性能也愈好，应尽量选用孔隙多、密度小（即重量轻）的材料。按 1992 年版白皮《建筑给水排水设计手册》要求：导热系数应不大于 0.139W/(m・℃)，材料的密度应不大于 500kg/m^3，要有允许的使用温度。本书“常用绝热材料性能表”望参照选用。

6）条目 27 消火栓设置位置：多层建筑内、公共建筑内、生产建筑内，室内消火栓均应设置在位置明显且易于操作的部位。本条目提醒各位在设计时切切注意。

7）条目 28 水枪的充实水柱：该条目除熟练掌握水枪充实水柱长度、计算方法及相关数据外，还应注意以下两点：①《建筑设计防火规范》未明文规定水枪喷嘴口径，但《高层民用建筑设计防火规范》要求水枪喷嘴口径不应小于 19mm；②1992 年版《建筑给水排水设计手册》第 2 章 2.1.4（9）：当消防水枪射流量小于 3L/s 时，应采用 50mm 口径的消火栓和水带，喷嘴 13～16mm 的水枪；大于 3L/s 时，宜采用 65mm 口径的消火栓和水带，喷嘴 19mm 的水枪。

8）条目 29 汽车库、修车库、停车场消防给水主要应掌握车库防火分类、耐火等级划分及车库消防给水。消防给水部分应掌控：①可不设消防给水的范围；②室内外消防用水量的确定。

9）条目 31 自动喷水管道沿程水头损失计算要点有三：

① 沿程水头损失计算公式通过汇总列表得知：新中国成立至2008年近60年间，自动喷水灭火系统一直按比阻计算水头损失。2008年以后闭式系统按水力坡降计算水头损失，这与《自动喷水灭火系统设计规范》的要求，每米管道的水头损失应按$i=0.0000107\cdot\frac{v^2}{d_j^{1.3}}$式计算是一致的，同时与《国家建筑标准设计图库》中“全国民用建筑工程设计技术措施”的规定是完全一致的。开式自动喷水灭火系统仍然以比阻计算水头损失。

② 依托1992年版《建筑给水排水设计手册》，为使读者更加明白易懂，钢管依次增列外径D、壁厚、内径d、计算内径d_j，铸铁管依次增列内径d、计算内径d_j。表头省略水煤气钢管、中等管径钢管、铸铁管等。表格名称同时更改，并将表格一分为三。钢管及铸铁管的比阻A值均采用管道计算内径，计算内径、壁厚等取值与2008年版《建筑给水排水设计手册》第二版（下册）完全一致。

③ 表列A值均按公式$A=\frac{i}{Q^2}=\frac{0.001736}{d_j^{5.3}}$运算求得。由于$h=ALQ^2$可写成$i=AQ^2$，也即$A=\frac{i}{Q^2}$。将$i=0.00107\frac{v^2}{d_j^{1.3}}$代入$A=\frac{i}{Q^2}$中，经换算即可导出$A=\frac{0.001736}{d_j^{5.3}}$。公式推导详见书中其他章节。

10）条目32、33要点：

城市、居住区、企业事业单位的室外消防给水，当采用低压给水系统时就应具备5min内到达责任区最远点的城镇消防站或工厂自备消防车。于是就应该知道按《企业事业单位专职消防队组织条例》哪些单位应当建立专职消防队。

11）条目34储存物品的火灾危险性分类及举例共三个表格，分别摘自：①《建筑设计防火规范》GB 50016—2006表3.1.3储存物品的火灾危险性分类；②《建筑设计防火规范》GBJ 16—87（2001年版）附录四 储存物品的火灾危险性分类举例；

③《上海市仓库防火管理规定》中甲、乙、丙、丁、戊类物品的火灾危险性特征及举例。

火灾危险性分类在消防设计中至关重要，必须正确掌控。由于 2006 年版《建筑设计防火规范》过于简洁缺乏明了，给设计带来不便。故本书相应列出 2001 年版《建筑设计防火规范》、《上海市仓库防火管理规定》中甲、乙、丙、丁、戊类物品的火灾危险性分类，以便弥补现行规范不足，使设计人员看透。

12）条目 37 生活饮用水水源的选择：《生活饮用水水源水质标准》把生活饮用水水源按其水质分为一级水源水和二级水源水两个级别；《地表水环境质量标准》将水域按功能分为Ⅰ、Ⅱ、Ⅲ、Ⅳ、Ⅴ 5 个类别。为了便于理解本书列出表格——各类地表水按生活饮用水水源的水质要求排序（择去未比项）并与其比较对照，比较对照得知：

① Ⅰ类地表水水质良好，适用于一级水源水。地下水只需消毒处理，地表水经简易过滤、消毒处理后即可供生活饮用。

② Ⅱ类地表水水质较好，适用于二级水源水。由于受轻度污染，经常规净化处理（如絮凝、沉淀、过滤、消毒等），可供生活饮用。

③ Ⅲ类地表水适用于集中式生活饮水水源地二级保护区、一般鱼类保护区及游泳区。作为生活饮水水源两项超标。

④ Ⅳ类地表水适用于一般工业用水区及人体非直接接触的娱乐用水区。作为生活饮水水源八项超标。

⑤ Ⅴ类地表水适用于农业用水区及一般景观要求水域。作为生活饮水水源十二项超标。

这三类水域水质浓度超过二级标准限值，不宜作为生活饮用水的水源。由于条件限制必须利用时，应采用相应的净化工艺进行处理。处理后的水质应符合 GB 5749—2006 的规定，并取得省、市、自治区卫生厅（局）及主管部门批准。

目　录

第一部分　工业建筑管网水力计算 …… 1
第 1 章　管网流量计算 …… 2
1.1　沿线流量 …… 2
1.2　节点流量 …… 3
1.3　管段的计算流量 …… 4
第 2 章　工业建筑管网水力计算 …… 5
2.1　管网水力计算工况 …… 5
2.2　环状管网水力计算 …… 5
第 3 章　工业建筑管网水力计算举例 …… 8

第二部分　热水供应系统工程设计计算 …… 17
第 4 章　热水用水量标准和水温 …… 18
4.1　生活热水用水量标准 …… 18
4.2　水温 …… 23
第 5 章　热水供应系统分类 …… 26
第 6 章　热水给水管道的设计流量 …… 27
6.1　城镇居住用地组成单元 …… 27
6.2　现行给水排水设计规范适用范围 …… 27
6.3　居住小区室外热水干管的设计流量 …… 27
第 7 章　热水配水管道水力计算 …… 35
7.1　计算依据及要点 …… 35
7.2　系统计算步骤 …… 41
第 8 章　开式上行下给强制全日干、立管循环集中热水供应系统计算例题 …… 56

第三部分　雨淋系统设计要点及工程设计计算 …… 69
第 9 章　设计要点 …… 71

第10章　雨淋阀 …… 77
10.1　雨淋阀类型及其作用原理 …… 77
10.2　开式自动喷水灭火（雨淋）系统的局部水头损失计算方法 …… 90
第11章　雨淋系统计算举例 …… 95

第四部分　问题解答40条 …… 109
第12章　建筑给水 …… 110
1. 给水工程的合理使用年限 …… 110
2. 设计供水量组成内容 …… 110
3. 水量计算 …… 112
4. 设计水量 …… 114
5. 关于套内分户水表前的给水静水压力 …… 115
6. 入户管的供水压力 …… 115
7. 关于高层建筑的供水压力 …… 115
8. 调蓄构筑物设置方式和容量 …… 116
9. 常用的三种基本给水系统及其水源 …… 120
10. 室内外消防给水系统和生产、生活给水系统合并，由室外管网直接供室内外消防用水的适用条件 …… 121
11. 《建筑给水排水设计规范》(2009年版）有关防水质污染的规定 …… 121
12. 从生活饮用水管道系统上接至下列用水管道或设备时，应设置倒流防止器 …… 121
13. 给水管道的敷设 …… 122
14. 止回阀的选型与安装 …… 122
15. 管道防结露 …… 122
16. 承插式管道接口的借转角度 …… 122
17. 管线之间遇到矛盾时，应按下列原则处理 …… 122
18. 给水管与其他管线及建（构）筑物的最小净距 …… 123
19. 排水管道和其他地下管线（构筑物）的最小净距 …… 125
第13章　建筑热水 …… 126
20. 《建筑给水排水设计手册》第二版（上册）：各种类型建筑物

热水用量表 4.1-3 中，gaL/h 与 L/h 换算关系 …………………… 126
21. 金属管道保温绝热层厚度（单层 δ） …………………………… 126
22. 金属管道保温绝热层热损失量（Q） …………………………… 128
23. 绝热层热损失量限值 ………………………………………… 130
24. 保温绝热层的选择 ………………………………………… 130
第 14 章　建筑消防 ………………………………………… 133
25.《建筑设计防火规范》GB 50016—2006 第 8.4.3 条规定 …… 133
26. 室外消防给水管道的设置 ………………………………… 133
27. 消火栓设置位置 ……………………………………………… 134
28. 水枪的充实水柱 ……………………………………………… 134
29. 汽车库、修车库、停车场消防给水 …………………………… 136
30. 消防水池容量 ………………………………………………… 137
31. 自动喷水管道沿程水头损失计算 …………………………… 138
32. 城镇消防站的布局 …………………………………………… 143
33. 国家规定哪些单位应当建立专职消防队 …………………… 143
34. 储存物品的火灾危险性分类及举例 ………………………… 143
35. 泡沫液分类 …………………………………………………… 146
36. 液上式半固定泡沫灭火系统图示及计算举例 ……………… 148
第 15 章　水源选择及其他 ………………………………… 151
37. 生活饮用水水源的选择 ……………………………………… 151
38. 直通式地漏使用事宜 ………………………………………… 156
39. 火工品工厂和民用爆破器材工程危险品生产工房中，管线
设计时应注意的事项 …………………………………………… 156
40. 硝酸铵的用途及储存 ………………………………………… 157

参考文献 ………………………………………………………… 162

第一部分
工业建筑管网水力计算

给水管网水力计算的目的，在于根据计算流量确定管网中各管段的直径和水头损失。为此，在计算管网之前，首先应确定沿管线输出的流量（即沿线流量）和转输流量，再进一步确定各管段的计算流量。

第1章 管网流量计算

1.1 沿线流量

在城镇沿线流量基本可分为两种情况：一种是工业企业及大用水户（如机关、学校、医院、公共建筑等）为数不多而水量较大的集中流量，这类用水流量容易计算，可按其用水位置作为管段上或节点处集中流量考虑；另一种是数量比较多，水量又比较小且很分散，城市居民生活用水都属于这一类，该类用水量的变化也较大，因此计算非常复杂。

仅限工业企业则应另当别论，详见【例题】。

在计算城镇给水管网时，通常采用的简化方法是比流量法。比流量分为长度比流量和面积比流量。

1.1.1 长度比流量（q_{cb}）

$$q_{cb}=\frac{Q-\sum Q_i}{\sum L}[\mathrm{L/(s \cdot m)}] \tag{1-1}$$

式中 Q——管网供水的总流量，L/s；

$\sum Q_i$——工业企业及大用水户的集中流量之和，L/s；

$\sum L$——管网的总计算长度（不配水的管段不计；只有一侧配水的管段折半计），m。

1.1.2 面积比流量（q_{mb}）

$$q_{mb}=\frac{Q-\sum Q_i}{\sum \omega}[\mathrm{L/(s \cdot m^2)}] \tag{1-2}$$

式中 Q——管网供水的总流量，L/s；

$\sum Q_i$——工业企业及大用水户的集中流量之和，L/s；

$\sum \omega$——供水面积的总和，m^2。

每一管段供水面积的划分，可按分角线法或对角线法进行，如图 1-1 所示。

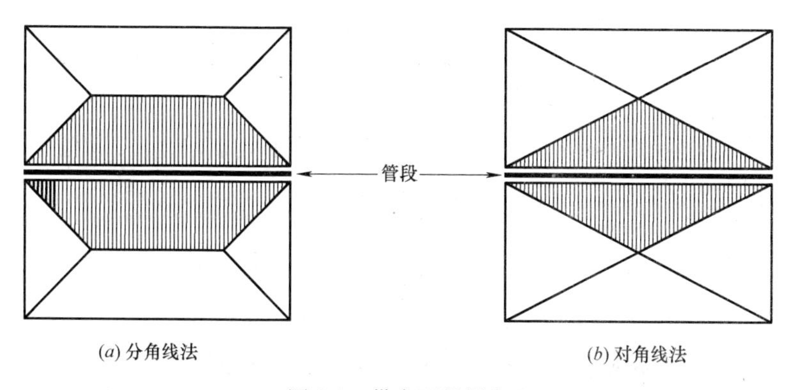

图 1-1　供水面积划分

有了比流量 q_{cb} 或 q_{mb}，就可以计算某一管段的沿线流量 Q_y。

$$Q_y = q_{cb}L(\mathrm{L/s}) \tag{1-3}$$

式中　L——某管段的计算长度，m。

或

$$Q_y = q_{mb}\omega(\mathrm{L/s}) \tag{1-4}$$

式中　ω——某管段的供水面积，m^2。

1.2　节点流量

管网中每一管段的流量包括两部分：一部分是上述沿该管段供水给用户的沿线流量，另一部分就是转输到它以后下游各管段的转输流量。沿管段每一点的流量是变化的，所以很难求管段的管径和水头损失。为此，须引用一个沿整个管段不变的流量，称为计算流量（Q_j）。

$$Q_j = Q_{zs} + \alpha Q_y(\mathrm{L/s}) \tag{1-5}$$

式中　Q_{zs}——转输流量，L/s；

α——折减系数，为了计算方便采用 $\alpha=0.50$（即 1/2）。

据此，沿线流量折算成节点流量就很简便，可按各 1/2 用水量分配到连接该管段的相邻节点上，或曰将该管段沿线流量平分于始末两端，于是节点流量等于连接在该节点上各管段用水量总和的一半。

1.3 管段的计算流量

将沿线流量全部化成节点流量后，即可确定各管段的计算流量（Q_j）。

在分配流量时，须满足节点流量平衡的水力学条件，即流向任一节点的全部流量等于从该节点流出的流量，以公式表示：

$$\sum Q=0 \tag{1-6}$$

此式称为连续方程式，即流向节点的流量假定为正（+），流离节点的流量假定为负（-），其代数和为零。

求得管网各节点的节点流量后，管网计算图上便只有集中于节点的流量和原有的集中流量。而管段的计算流量为：

$$Q_j=Q_{zs}+0.5Q_y(\mathrm{L/s}) \tag{1-7}$$

式中　符号含义同前。

当有大用水户时还应计入管段上或节点处的集中流量。

第 2 章　工业建筑管网水力计算

2.1　管网水力计算工况

（1）管网应按最高日最高时用水量及设计水压计算；

（2）根据具体情况分别用最高时加消防、最大转输、最不利管段发生故障等条件和要求进行校核。

2.2　环状管网水力计算

2.2.1　计算条件

（1）$\sum Q=0$；

（2）$\Delta h=0$，即闭合环路内水头损失必须平衡，当以顺时针方向水流所引起的水头损失为正值，逆时针方向的为负值，正值的和应与负值的和相等（即闭合环路内的水头损失代数和应等于零）。在实际设计工作中闭合差可按下列要求控制：

1）小环：$\Delta h \leqslant 0.5$m；

2）大环（由管网起点至终点）：$\Delta h \leqslant 1.0 \sim 1.5$m。

2.2.2　管网平差计算的步骤

（1）绘制管网平差运算图，标出各计算管段的长度和各节点的地面标高；

（2）计算节点流量并标注（包括集中流量）；

（3）拟定水流方向和进行流量初步分配；

（4）根据初步分配的流量，按经济流速[①]选用管网各管段的

---

① 为防止水锤现象对水管所产生的破坏作用，最高流速不得超过 2.5～3.0m/s，流速最低限界一般难以规定。在消防和事故时管中的流速不需要按经济流速考虑，但最大仍不得超过 2.5～3.0m/s。几个城市的给水管道经济流速参见表 2-1。

几个城市的给水管道经济流速

表 2-1

管径(mm)	上海		西安				成都		太原		抚顺		牡丹江	
			输水管		配水管									
	流量	流速	流量	流速	流量	流速	流量	流速	流量	流速	流量	流速	流量	流速
100	6.68	0.84	5.23	0.67	6.90	0.77			4.80	0.62	7.20	0.97	5.32	0.66
150	16.70	0.94	13.40	0.77	15.40	0.88	13.50	0.77	12.43	0.72	19.30	1.09	14.20	0.81
200	34.40	1.09	26.20	0.84	30.00	0.96	25.50	0.82	24.30	0.79	37.50	1.19	28.80	0.92
250	60.00	1.23	43.90	0.90	50.40	1.03	41.50	0.85	40.90	0.84	62.60	1.27	49.25	1.00
300	90.30	1.27	66.70	0.94	76.60	1.08	62.50	0.88	62.60	0.88	95.30	1.35	76.70	1.08
350	131.00	1.36	95.60	1.00	109.20	1.14	90.00	0.94			136.20	1.42	111.20	1.16
400	180.00	1.43	130.00	1.04	149.00	1.19	121.00	0.96	123.00	0.98	185.10	1.48	153.40	1.22
450	239.00	1.49	171.00	1.08	196.00	1.23					242.50	1.52	204.70	1.29
500	312.00	1.59	218.00	1.12	250.00	1.27	202.00	1.03	206.00	1.05	309.00	1.57	264.50	1.35
600	482.00	1.71	332.20	1.18	381.20	1.35	306.00	1.08	316.00	1.12	469.70	1.66	412.00	1.46
700	696.00	1.81	476.00	1.24	546.00	1.42	435.00	1.13	517.00	1.17	669.60	1.74	598.00	1.56
800	960.00	1.90	639.00	1.27	734.00	1.46	591.00	1.17	618.00	1.23	910.40	1.81	827.00	1.65
900	1279.00	2.00	853.00	1.34	982.00	1.54	772.00	1.21	814.00	1.27	1193.80	1.88	1100.00	1.73
1000	1640.00	2.09	1090.00	1.39	1250.00	1.59					1520.80	1.94	1420.00	1.81
1100											1892.50	1.99		
1200	2540.00	2.25									2325.00	2.06		

资料来源：

上海→上海自来水公司 1972；

西安→西安自来水公司 1971；

成都→成都自来水公司 1972；

太原、抚顺、牡丹江的资料皆为原建工部北京给水排水设计院 1958 年提供。

注：1. 单位：流量为 L/s，流速为 m/s；

2. 摘自《给水排水设计手册》1974 年版第 4 册。

管径（水厂附近管网的流速应略高于经济流速或采用上限，管网末端的流速应小于经济流速或采用下限）；

（5）查水力计算表［见《建筑给水排水设计手册》第二版（下册）］得 $1000i$ 和流速 v 值，计算各管段的水头损失（即 $h=il$）；

（6）计算各环闭合差 Δh，若闭合差 Δh 不符合规定要求，用校正流量进行调整（一般先大环后小环调整），连续试算，直到各环闭合差达到上述要求为止。校正流量值一般应略低于理论计算值，以防校正过头。实用上校正流量亦可按设计经验估计，只是试算次数难说。

校正流量 ΔQ 可按下式近似求得：

$$\Delta Q=\frac{q_{\mathrm{p}}\Delta h}{2\sum h}(\mathrm{L/s}) \tag{2-1}$$

式中 q_{p}——计算环路中各管段流量的平均值，L/s；

Δh——闭合差，m；

Σh—计算环路中各管段水头损失的绝对值[①]之和，m。

① 一个实数，在不计它的正负号时的值，称这个数的绝对值，如+5 和−5 的绝对值都是 5，通常用｜5｜来表示。

第3章　工业建筑管网水力计算举例

【题意】某工业企业地处北方，最高日最高时总用水量 28.70m^3/h（7.976L/s），按最高日最高时计算，用最高时加消防校核进行管网平差。

【题解】

（1）概述：可行性研究报告编制阶段厂区供水干管初定为 *DN*200，初步设计阶段初期外网水图仍然以 *DN*200 进行标注，其供水干管及各工房区域位置见图 3-1。之后在管网平差计算中拟定水流方向、进行流量初步分配及确定各管段管径时发现靠感觉初定的管径存在不少问题：①按最高日最高时计算时由于流量偏小，各管段均呈现大管径低流速，甚至于很难进行水力计算；②用最高时加消防进行校核时大管径可行，但终归是短暂的而于常态运行无济于事；③虽说流速最低限界一般难以规定，但当水质差、水中悬浮物高时流速过低便会导致淤积而影响供水安全。于是在水力计算时对原有管网进行了全面修改和删除，详见图 3-2 和图 3-3。

给水采用生产、生活、消防联合供水体制。最高时与最高时加消防的用水量全部由两座 500m^3 的高位水池供给，高位水池池底高程为 319m。水池进水接自调节水池泵站，出水通过管网直供厂区生产、生活、消防及雨淋等用水量。

按《建筑设计防火规范》：由厂前区、生产区、试验销毁场、总仓库区等组成的基地面积共 48.99hm^2（＜100hm^2），工厂在同一时间内的火灾次数为 1 次。其中 602 号建筑物内存放着 3 个地上储罐，各内储 40m^3 甲类液体，共计 120m^3。该建筑消防用水量：最大室内水喷雾消防流量 25L/s，室外水冷却消防流量 20L/s。据此，最高时加消防着火点放在 602 近前。

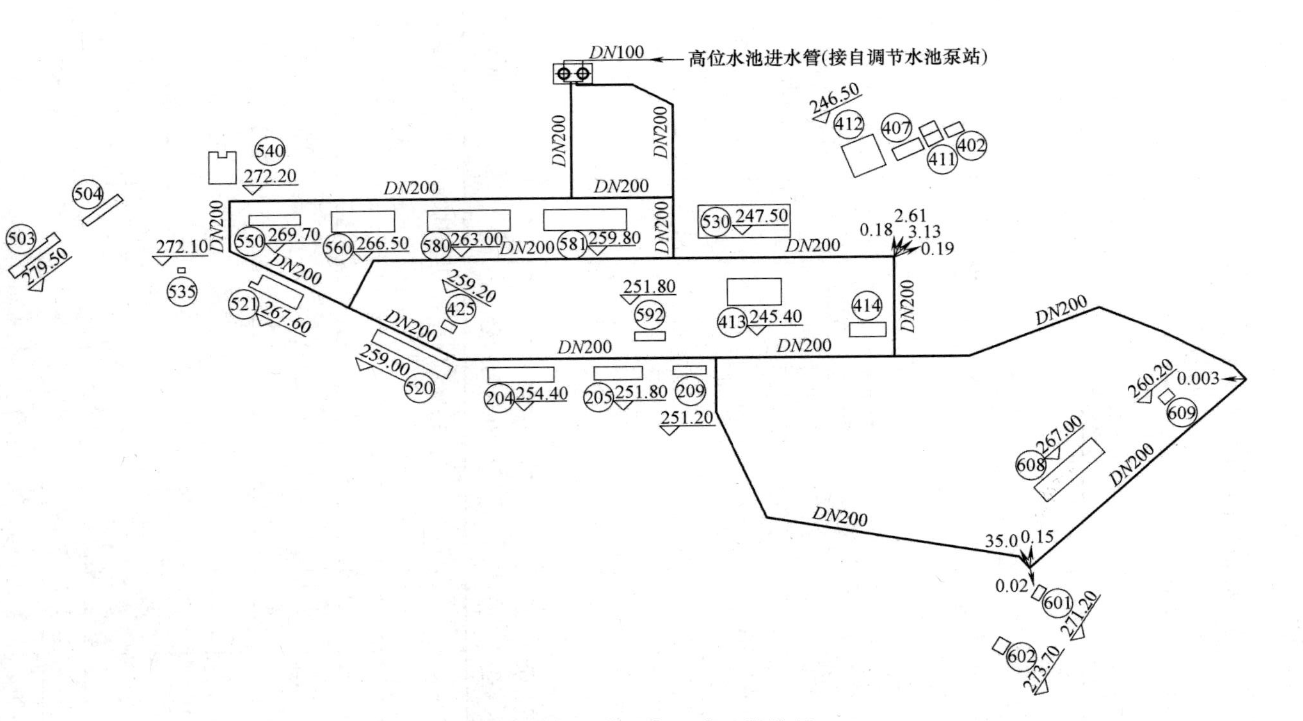

图 3-1　供水干管及各工房区域位置

（2）管网流量计算详见表 3-1～表 3-5。

生产用水量 **表 3-1**

建筑物编号	用水量(m³)			备注
	全天	平均时	最大时	
204	0.45	0.03	0.03	按工艺专业提供的数据计算
205	0.30	0.02	0.02	
209	0.02	0.001	0.001	
414	3.00	0.20	0.30	
503	12.00	0.80	1.00	
504	0.15	0.01	0.02	
520	1.05	0.07	0.08	
521	0.75	0.05	0.06	
530	0.30	0.02	0.02	
592	0.75	0.05	0.06	
601	0.07	0.01	0.01	
608	0.49	0.07	0.07	
合计	19.33	1.33	1.67	

生活用水量 **表 3-2**

建筑物编号	人员		用水定额[L/(人·班)]	用水量(m³)			小时变化系数
	最大班	全天		全天	平均时	最大时	
1	2	3	4	5	6	7	8
204	7	14	30	0.42	0.03	0.08	2.5
205	5	10	30	0.30	0.02	0.05	2.5
209	2	4	30	0.12	0.01	0.03	2.5
413	3	6	30	0.18	0.01	0.03	2.5
414	8	16	30	0.48	0.03	0.08	2.5
503	3	6	30	0.18	0.01	0.03	2.5
504	1	2	30	0.06	0.004	0.01	2.5
520	4	8	30	0.24	0.02	0.05	2.5

续表

建筑物编号	人员		用水定额[L/(人·班)]	用水量(m³)			小时变化系数
	最大班	全天		全天	平均时	最大时	
521	5	10	30	0.30	0.02	0.05	2.5
530	6	12	30	0.36	0.02	0.05	2.5
535	1	1	30	0.03	0.004	0.01	2.5
540	8	16	30	0.48	0.03	0.08	2.5
550	2	4	30	0.12	0.01	0.03	2.5
560	8	16	30	0.48	0.03	0.08	2.5
580	20	40	30	1.20	0.08	0.20	2.5
581	33	66	30	1.98	0.13	0.33	2.5
592	4	8	30	0.24	0.02	0.05	2.5
608	8	8	30	0.24	0.02	0.05	2.5
609	2	2	30	0.06	0.004	0.01	2.5
合　计	130	249	—	7.47	0.50	1.30	—

注：1. 工作班制和每班有效工作时间：工业雷管、塑料导爆管为两班制，每班7.5h；水胶炸药为单班制，每班7h；厂前区辅助生产人员为常白班，用水时间统一取用12h；

2. 厂前区辅助生产人员（全天88人）生活用水均按50L/(人·班)，K_h=1.5计入：全天4.40 m³、平均时0.37 m³、最大时0.56 m³。

空调系统补水量　　表 3-3

建筑物编号	空调系统水量(m³/h)	系统补水量(m³)			备注
		全天	平均时	最大时	
521	34.00	8.16	0.51	0.51	按空调水量1.5%补水；有效工作时间16h
560	0.16	0.04	0.002	0.002	
601	2.40	0.58	0.04	0.04	
608	1.00	0.24	0.02	0.02	
合　计	37.56	9.12	0.57	0.57	

冲洗用水量 **表 3-4**

建筑物编号	冲洗面积(m^2)	用水定额[L/(m^2·班)]	用水量(m^3)			备注
			全天	平均时	最大时	
503	200	1.5	0.60	0.04	0.16	每班1次；班后15min
601	15	1.5	0.02	0.003	0.01	
608	355	1.5	0.53	0.08	0.32	
合计	570	—	1.15	0.12	0.49	

各建筑最大时总用水量(m^3/h) **表 3-5**

建筑物编号	生产用水	生活用水	淋浴用水	空调系统补水	地面及设备冲洗用水	其他用水	未预见用水(按3～8项20%计)	合计用水	
								(m^3/h)	(L/s)
1	2	3	4	5	6	7	8	9	10
204	0.03	0.08					0.02	0.13	0.04
205	0.02	0.05					0.01	0.08	0.02
209	0.001	0.03					0.01	0.04	0.01
402						9.38	1.88	11.26	3.13
411			7.84				1.57	9.41	2.61
412、407						0.54	0.11	0.65	0.18
413		0.03					0.01	0.04	0.01
414	0.30	0.08					0.08	0.46	0.13
425						1.56	0.31	1.87	0.52
503	1.00	0.03			0.16		0.24	1.43	0.40
504	0.02	0.01					0.01	0.04	0.01
520	0.08	0.05					0.03	0.16	0.04
521	0.06	0.05		0.51			0.12	0.74	0.21
530	0.02	0.05					0.01	0.08	0.02
535		0.01					0.002	0.01	0.003
540		0.08					0.02	0.10	0.03
550		0.03					0.01	0.04	0.01
560		0.08		0.002			0.02	0.10	0.03

续表

建筑物编号	生产用水	生活用水	淋浴用水	空调系统补水	地面及设备冲洗用水	其他用水	未预见用水(按3～8项20%计)	合计用水	
								(m^3/h)	(L/s)
580		0.20					0.04	0.24	0.07
581		0.33					0.07	0.40	0.11
592	0.05	0.05					0.02	0.12	0.03
601	0.01			0.04	0.01		0.01	0.07	0.02
608	0.07	0.05		0.02	0.32		0.09	0.55	0.15
609		0.01					0.002	0.01	0.003
厂前区		0.56					0.11	0.67	0.19
合　计	1.66	1.86	7.84	0.57	0.49	11.48	4.69	28.70	7.976

（3）本例题管网平差步骤如下：

1）原外网水图按需要经取舍缩小绘制成平差运算图，并标出各管段的长度和各节点的地面标高。

2）各工房总用水量就近划归相关节点，同时分别按灭火消防流量、冷却消防流量、各建筑总用水量及厂前区辅助人员生活用水量，逐一在有关节点进行标注。

3）拟定水流方向和进行流量分配，继而在各管段进行标注。

4）据初步分配的流量，查《建筑给水排水设计手册》第二版（下册）表19.3—4塑料给水管水力计算，得各管段管径及与其对应的1000i和流速v值，之后求算各管段的水头损失。最后将管径、流速、1000i、水头损失等逐个在各管段进行标注。

最高时管网水力计算：因各管段均呈现大管径低流速，无法由水力计算表查取，故依据“硬聚氯乙烯管水力坡降”计算式求算1000i（式中带下划线处为本书加注）。流速由流量除以截面求得。管径兼顾球墨铸铁管现有规格选用。

$$1000i=8.75\times0.0001\times\frac{Q^{1.761}}{d_{\mathrm{j}}^{4.761}}\times1000 \tag{3-1}$$

式中　i——水力坡降；

Q——计算流量，m^3/s；

d_j——管道计算内径，m。

5）计算闭合差：本例题经试算进行多次流量校正，图面所示均为最终结果。

6）闭合差确信无疑后，求算累计水头损失和自由水头，再一一进行标注。

管网水力计算结果详见图 3-2 和图 3-3。

7）由于本项目生产、生活流量偏小，为提高流速及减少水头损失，管材拟采用球墨铸铁管，并在管内壁热衬聚乙烯，管件内喷 PE 粉；管材与管件外壁先喷锌、再刷三道沥青以提高抗腐蚀能力。

管网平差常用图例见表 3-6。

图例　　　　表 3-6

$\frac{0.46-DN300-0.12}{7.976-0.06-0.03}$	$\frac{\text{长度}-\text{管径}-\text{流速}}{\text{流量}-1000i-\text{损失}}$
62.57 / 2.27 / 254.16	自由水头 / 累计水头损失 / 地面标高
→	水流方向
⇒	室外水冷却消防流量
⇒（双线箭头）	室内水喷雾消防流量
→（粗箭头）	辅助人员生活用水节点流量
→（细箭头）	各建筑总用水节点流量
70.01 / 4.21　3.65 / 241.06	自由水头 / 下半环累计水头损失　上半环累计水头损失 / 地面标高

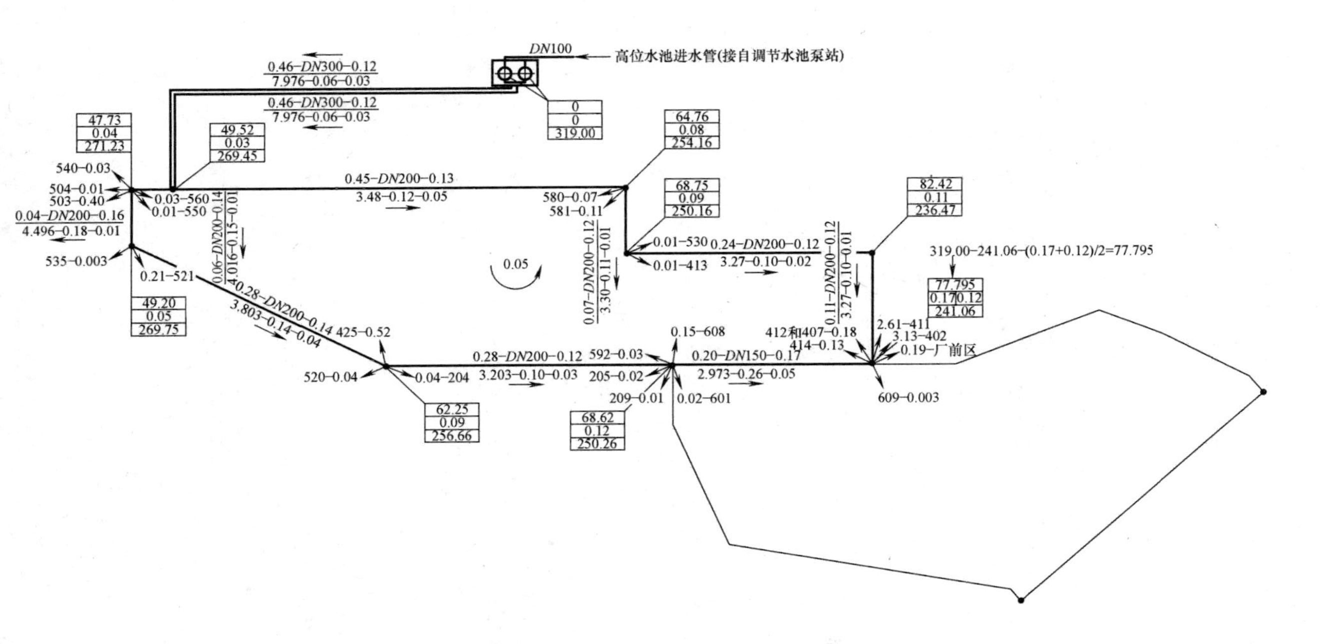

图 3-2　最高时管网水力计算

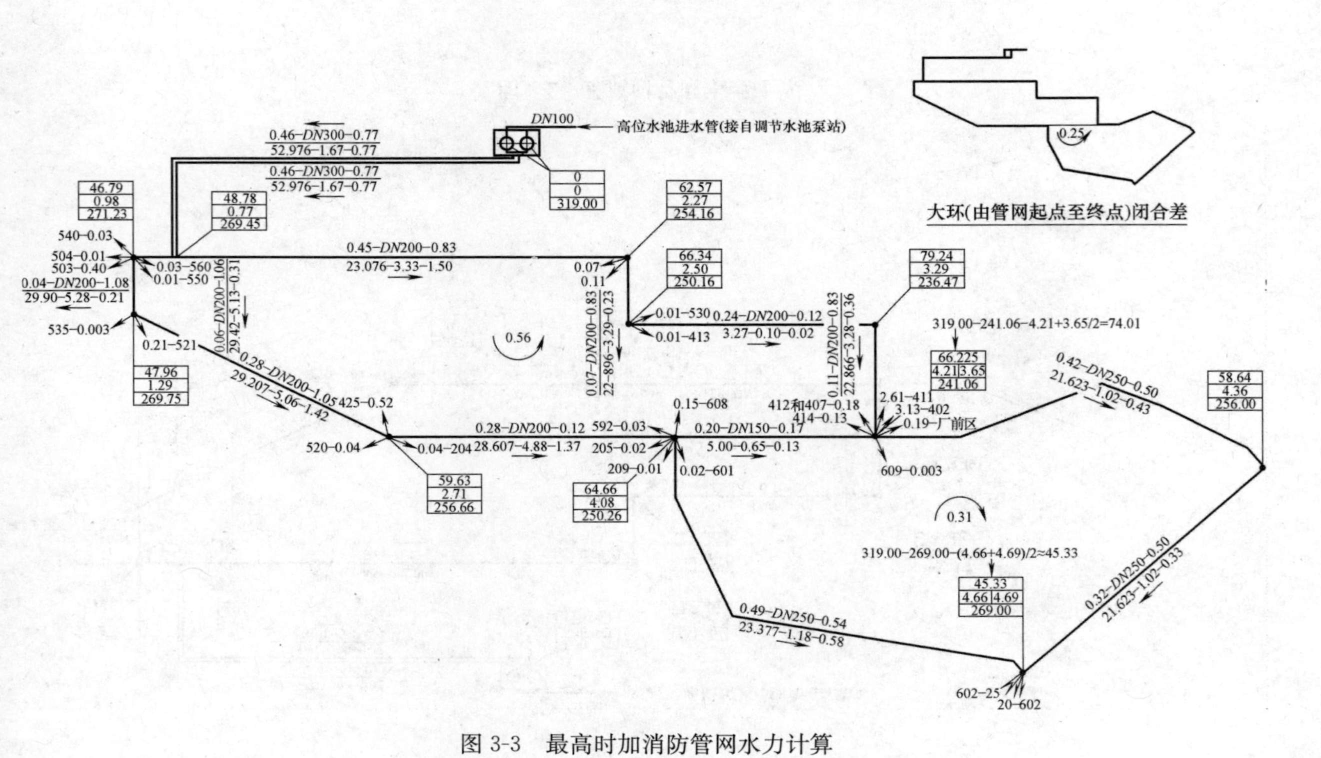

图 3-3　最高时加消防管网水力计算

第二部分
热水供应系统工程设计计算

第 4 章　热水用水量标准和水温

4.1　生活热水用水量标准

（1）卫生器具的给水额定流量、当量、连接管公称管径和最低工作压力见表 4-1。

卫生器具的给水额定流量、当量、连接管公称管径和最低工作压力

表 4-1

序号	给水配件名称	额定流量 (L/s)	当量	公称管径 (mm)	最低工作压力(MPa)
1	洗涤盆、污水池、盥洗槽： 单阀水嘴 单阀水嘴 混合水嘴	 0.15～0.20 0.30～0.40 0.15～0.20 (0.14)	 0.75～1.00 1.50～2.00 0.75～1.00 (0.70)	 15 20 15	0.05
2	洗脸盆： 单阀水嘴 混合水嘴	 0.15 0.15(0.10)	 0.75 0.75(0.50)	 15 15	0.05
3	洗手盆： 单阀水嘴 混合水嘴	 0.10 0.15(0.10)	 0.50 0.75(0.50)	 15 15	0.05
4	浴盆： 单阀水嘴 混合水嘴(含带淋浴转换器)	 0.20 0.24(0.20)	 1.00 1.20(1.00)	 15 15	 0.05 0.05～0.07
5	淋浴器： 混合阀	 0.15(0.10)	 0.75(0.50)	 15	 0.05～0.10
6	大便器： 冲洗水箱浮球阀 延时自闭式冲洗阀	 0.10 1.20	 0.50 6.00	 15 25	 0.02 0.10～0.15
7	小便器： 手动或自动自闭式冲洗阀 自动冲洗水箱进水阀	 0.10 0.10	 0.50 0.50	 15 15	 0.05 0.02
8	小便槽穿孔冲洗管(每 1m 长)	0.05	0.25	15～20	0.015
9	净身盆冲洗水嘴	0.10(0.07)	0.50(0.35)	15	0.05
10	医院倒便器	0.20	1.00	15	0.05

续表

序号	给水配件名称	额定流量(L/s)	当量	公称管径(mm)	最低工作压力(MPa)
11	实验室化验水嘴(鹅颈)： 单联 双联 三联	 0.07 0.15 0.20	 0.35 0.75 1.00	 15 15 15	 0.02 0.02 0.02
12	饮水器喷嘴	0.05	0.25	15	0.05
13	洒水栓	0.40 0.70	2.00 3.50	20 25	0.05～0.10 0.05～0.10
14	室内地面冲洗水嘴	0.20	1.00	15	0.05
15	家用洗衣机水嘴	0.20	1.00	15	0.05
16	器皿洗涤机	0.20	1.00	注 7	注 7
17	土豆剥皮机	0.20	1.00	15	注 7
18	土豆清洗机	0.20	1.00	15	注 7
19	蒸锅及煮锅	0.20	1.00	注 7	注 7

注：1. 摘自《建筑给水排水设计手册》第二版（上册）表 1.1-9；
2. 表中括弧内的数值系在有热水供应时，单独计算冷水或热水时使用；
3. 当浴盆上附设淋浴器时，或混合水嘴有淋浴器转换开关时，其额定流量和当量只计水嘴，不计淋浴器，但水压应按淋浴器计；
4. 家用燃气热水器，所需水压按产品要求和热水供应系统最不利配水点所需工作压力确定；
5. 绿地的自动喷灌应按产品要求设计；
6. 如为充气龙头，其额定流量为表中同类配件额定流量的 0.7 倍；
7. 卫生器具给水配件所需流出水头，如有特殊要求时，其数值按产品要求确定；
8. 所需的最低工作压力及所配管径按产品要求确定。

（2）热水用水定额见表 4-2。

热水用水定额 **表 4-2**

序号	建筑物名称	单位	各温度时最高日用水定额(L)				使用时间(h)
			50℃	55℃	60℃	65℃	
1	住宅： 有自备热水供应和沐浴设备 有集中热水供应和沐浴设备	 每人每日 每人每日	 49～98 73～122	 44～88 66～110	 40～80 50～100	 37～73 55～92	 24 24
2	别墅	每人每日	86～134	77～121	70～110	64～101	24

续表

序号	建筑物名称	单位	各温度时最高日用水定额(L)				使用时间(h)
			50℃	55℃	60℃	65℃	
3	单身职工宿舍、学生宿舍、招待所、普通旅馆：						
	设公用盥洗室、淋浴室	每人每日	49～73	44～68	40～60	37～55	24
	设公用盥洗室、淋浴室、洗衣室	每人每日	61～98	55～88	50～80	46～73	24
	设单独卫生间、公用洗衣室	每人每日	3～122	6～110	70～100	55～92	24
4	宾馆、培训中心客房：						
	旅客、培训人员	每床位每日	147～196	132～176	120～160	110～146	24
	员工	每人每日	49～61	44～55	40～50	37～56	24
5	医院住院部：						
	设公用盥洗室、淋浴室	每床位每日	73～122	66～110	70～130	55～92	24
	设单独卫生间	每床位每日	134～244	121～220	110～200	101～184	24
	医务人员	每人每班	73～122	66～110	70～130	55～92	8
6	门诊部、诊疗所	每病人每次	9～16	8～14	7～13	6～12	8～12
7	疗养院、休养所住院部	每床位每日	112～196	110～176	100～160	92～146	24
8	养老院	每床位每日	61～86	55～77	50～70	46～64	24
9	幼儿园、托儿所：						
	有住宿	每人每日	25～49	22～44	20～40	19～37	24
	无住宿	每人每日	12～19	11～17	10～15	9～14	10
10	公共浴室：						
	淋浴	每顾客每次	49～73	44～66	40～60	37～55	12
	淋浴、浴盆	每顾客每次	73～98	66～88	60～80	55～73	12
	按摩池、桑拿、淋浴	每顾客每次	85～122	770	70～100	64～91	12
11	理发室、美容院	每顾客每次	12～19	11～17	10～15	9～14	12
12	洗衣房	每千克干衣	19～37	17～33	15～30	14～28	8
13	餐饮业：						
	营业餐厅	每顾客每次	19～25	17～22	15～20	14～19	10～16
	快餐厅、职工及学生食堂	每顾客每次	9～12	8～11	7～10	7～9	12～16
	酒吧、咖啡厅、茶座、卡拉OK房	每顾客每次	4～9	4～9	3～8	3～8	18
14	办公楼	每人每班	6～12	6～11	5～10	5～9	8～10

续表

序号	建筑物名称	单位	各温度时最高日用水定额(L)				使用时间(h)
			50℃	55℃	60℃	65℃	
15	健身中心	每人每次	19～31	17～28	15～25	14～23	8～12
16	体育场(馆): 运动员淋浴	每人每次	21～32	19～29	17～26	16～25	4
17	会议厅	每座位每次	2～4	2～4	2～3	2～3	4

注：1. 摘自《建筑给水排水设计手册》第二版（上册）表 4.1-1；
2. 表中所列用水定额均已包括在冷水用水量中；
3. 冷水温度以 5℃计；
4. 若医院允许陪住，则每一陪住者应按一个病床计算。一般康复医院、儿童医院、外科医院、急诊病房等可考虑陪住，陪住人员比例与医院院方商定。

（3）卫生器具的一次和小时热水用水定额及水温见表 4-3。

卫生器具的一次和小时热水用水定额及水温　　表 4-3

序号	卫生器具名称	一次用水量(L)	小时用水量(L)	使用水温(℃)
1	住宅、别墅、旅馆、宾馆: 带有淋浴器的浴盆 无淋浴器的浴盆 淋浴器 洗脸盆、盥洗槽水嘴 洗涤盆(池)	 150 125 70～100 3 —	 300 250 140～200 30 180	 40 40 37～40 30 50
2	单身职工宿舍、学生宿舍、招待所、普通旅馆淋浴器: 有淋浴小间 无淋浴小间 盥洗槽水嘴	 70～100 — 3～5	 210～300 450 50～80	 37～40 37～40 30
3	餐饮业: 洗涤盆(池) 洗脸盆: 工作人员用 顾客用 淋浴器	 — 3 — 40	 250 60 120 400	 50 30 30 37～40
4	幼儿园、托儿所: 浴盆:幼儿园 托儿所 淋浴器:幼儿园 托儿所 盥洗槽水嘴 洗涤盆(池)	 100 30 30 15 1.5 —	 400 120 180 90 25 180	 35 35 35 35 30 50

续表

序号	卫生器具名称	一次用水量（L）	小时用水量（L）	使用水温（℃）
5	医院、疗养院、休养所：			
	洗手盆	—	15～25	35
	浴盆	125～150	250～300	40
	洗涤盆(池)	—	300	50
6	公共浴室淋浴器：			
	有淋浴小间	70～150	200～300	37～40
	无淋浴小间	—	450～540	37～40
	洗脸盆	5	50～80	35
	浴盆	125	250	40
7	办公楼：			
	洗手盆	—	50～100	35
8	理发室、美容院：			
	洗脸盆	—	35	35
9	实验室：			
	洗脸盆	—	60	50
	洗手盆	—	15～25	30
10	剧场：			
	淋浴器	60	200～400	37～40
	演员用洗脸盆	5	80	35
11	体育馆：			
	淋浴器	30	300	35
12	工业企业生活间淋浴器：			
	一般车间	40	360～540	37～40
	脏车间	60	180～480	40
	洗脸盆或盥洗槽水嘴：			
	一般车间	3	90～120	30
	脏车间	5	100～150	35
13	净身器	10～15	120～180	30

注：1. 摘自《建筑给水排水设计手册》第二版（上册）表 4.1-2；

2. 一般车间指现行《工业企业设计卫生标准》GBZ 1—2010 中规定的 3、4 级卫生特征的车间，脏车间指该标准中规定的 1、2 级卫生特征的车间；

3. 表中的用水量均为使用水温时的水量；

4. 一次用水量指使用一次的用水量，并非卫生器具开关一次的用水量，有些卫生器具使用一次可能要开关几次；

5. 各种卫生器具的给水额定流量、当量、连接管公称管径和最低工作压力，见表 4-1；

6. 生产热水用水量标准除按本表选取外，一般应根据工艺专业提供或要求确定。

4.2 水温

水温通常指水加热设备的供水温度、热水使用温度和冷水的计算温度。

(1) 直接供应热水的热水锅炉、热水机组或水加热器等水加热设备出口的最高水温和配水点的最低水温见表4-4。

热水锅炉、热水机组或水加热器出口的最高水温和配水点的最低水温

表4-4

水质处理情况	热水锅炉、热水机组或水加热器出口的最高水温(℃)	配水点的最低水温(℃)
原水水质无需软化处理，但需水质处理且有水质处理	75	50
原水水质需水质处理但未进行水质处理	60	50

(2) 热水使用温度

各种卫生器具的热水使用温度，详见表4-3。其中淋浴器的用水温度，应根据气象条件、使用对象确定，在计算热水用水量和耗热量时，一般按40℃计算。

洗衣机、厨房餐厅等热水使用温度与用水对象有关，一般可按表4-5采用。

洗衣机、厨房餐厅用水温度　　表4-5

用水对象	用水温度(℃)
洗衣机：	
棉麻织物	50～60
丝绸织物	35～45
毛料织物	35～40
人造纤维织物	30～35
厨房餐厅：	
一般洗涤	45
洗碗机	60
餐具过清	70～80
餐具消毒	100

注：摘自《建筑给水排水设计手册》第二版（上册）表4.1-7。

（3）冷水的计算温度应以当地最冷月平均水温资料确定，当无水温资料时，可按表 4-6 采用。

冷水计算温度 **表 4-6**

区域	省、市、自治区、行政区		地面水	地下水
华北地区	北京市		4	10～15
	天津市		4	10～15
	河北省	北部	4	6～10
		大部	4	10～15
	山西省	北部	4	6～10
		大部	4	10～15
	内蒙古自治区		4	6～10
东北地区	辽宁省	北部	4	6～10
		南部	4	10～15
	吉林省		4	6～10
	黑龙江省		4	6～10
西北地区	陕西省	偏北	4	6～10
		大部	4	10～15
		秦岭以南	7	15～20
	甘肃省	南部	4	10～15
		秦岭以南	7	15～20
	宁夏回族自治区	偏东	4	6～10
		南部	4	10～15
	青海省	偏东	4	10～15
	新疆维吾尔自治区	北疆	5	10～11
		南疆	—	12
		乌鲁木齐	8	12
东南	上海市		5	15～20
	山东省		4	10～15
	江苏省	偏北	4	10～15
		大部	5	15～20

区域	省、市、自治区、行政区		地面水	地下水
(华东)地区	浙江省		5	15～20
	安徽省	大部	5	15～20
	江西省	大部	5	15～20
	福建省	北部	5	15～20
		南部	10～15	20
	台湾省		10～15	20
中南地区	河南省	北部	4	10～15
		南部	5	15～20
	湖北省	东部	5	15～20
		西部	7	15～20
	湖南省	东部	5	15～20
		西部	7	15～20
	广东省		10～15	20
	海南省		15～20	17～22
	港澳行政区		10～15	20
西南地区	重庆市		7	15～20
	四川省	大部	7	15～20
	贵州省		7	15～20
	云南省	大部	7	15～20
		南部	10～15	20
	广西壮族自治区	大部	10～15	20
		偏北	7	15～20
西藏自治区			—	5

附注：① 东南即华东地区；② 广西壮族自治区由中南划入西南地区；③西藏自治区由西南地区划出单列。

注：1. 本表依据《建筑给水排水设计规范》GB 50015—2003（2009 年版）表 5.1.4 整理而成；

2. 参见“居民生活和综合生活用水定额分区”。

(1) 特大城市指市区和近郊区非农业人口 100 万及以上的城市。

大城市指市区和近郊区非农业人口 50 万及以上，不满 100 万的城市；

中、小城市指市区和近郊区非农业人口50万以下的城市。

(2) 一区包括：湖北、湖南、江西、浙江、福建、广东、广西、海南、上海、江苏、安徽、重庆。

二区包括：四川、贵州、云南、黑龙江、吉林、辽宁、北京、天津、河北、山西、河南、山东、宁夏、陕西、内蒙古河套以东和甘肃黄河以东的地区。

三区包括：新疆、青海、西藏、内蒙古河套以西和甘肃黄河以西的地区。

(3) 河套：指围成大半个圈的河道，也指这样的河道围着的地方。过去泛指黄河从宁夏横城到陕西府谷的一段，即指黄河这一段围着的地区；现在则指黄河的这一段和贺兰山、狼山、大青山之间的地区，内蒙古地区指阴山以南一带。参见“中华人民共和国地图”。

第 5 章　热水供应系统分类

热水供应系统分类见表 5-1。

热水供应系统分类　　表 5-1

按热水供应系统范围分类	局部热水供应系统
	集中热水供应系统
	区域热水供应系统
按热水供应系统是否敞开分类	开式热水供应系统
	闭式热水供应系统
按热水管网循环方式分类	不循环热水供应系统
	干管循环热水供应系统
	干、立管循环热水供应系统
	干、立、支管循环热水供应系统
按热水管网循环动力分类	自然循环热水供应系统
	强制循环热水供应系统
按热水管网循环水泵运行方式分类	全日循环热水供应系统
	定时循环热水供应系统
按热水管网布置图示分类	上行下给式热水供应系统
	下行上给式热水供应系统
	上行下给返程式热水供应系统
	下行上给返程式热水供应系统
按热水供应系统分区方式分类	加热器集中设置的分区热水供应系统
	加热器分散设置的分区热水供应系统

第6章　热水给水管道的设计流量

6.1　城镇居住用地组成单元

按《城市居住区规划设计规范》GB 50180—1993（2002年版）：

（1）居住区——居住户数10000～16000户，居住人口规模30000～50000人。

（2）居住小区——居住户数3000～5000户，居住人口规模10000～15000人。

（3）居住组团——居住户数300～1000户，居住人口规模1000～3000人。

6.2　现行给水排水设计规范适用范围

（1）《建筑给水排水设计规范》GB 50015—2003（2009年版）适用于：①建筑内部给水、消防、排水、水处理以及特殊建筑给水排水；②建筑小区（即居住小区或居住组团）给水排水。

（2）《室外给水设计规范》GB 50013—2006适用于：①城镇、工业区室外给水；②居住区室外给水。

（3）《室外排水设计规范》GB 50014—2006（2011年版）适用于：①城镇、工业区室外排水；②居住区室外排水。

6.3　居住小区室外热水干管的设计流量

（1）居住小区室外热水管道设计流量、计算人数见表6-1。

（2）服务人数小于等于表6-1（以下简称住宅人少）的室外热水给水管段，住宅计算管段流量通过下列第（4）款计算设计秒流量；服务人数大于表6-1（以下简称住宅人多）的室外热水给水管段，住宅应按表 6-2 规定计算最大时用水量为管段流量。

居住小区室外热水管道设计流量计算人数　　表 6-1

每户 N_g / $q_L K_h$	3	4	5	6	7	8	9	10
350	10200	9600	8900	8200	7600	—	—	—
400	9100	8700	8100	7600	7100	6650	—	—
450	8200	7900	7500	7100	6650	6250	5900	—
500	7400	7200	6900	6600	6250	5900	5600	5350
550	6700	6700	6400	6200	5900	5600	5350	5100
600	6100	6100	6000	5800	5550	5300	5050	4850
650	5600	5700	5600	5400	5250	5000	4800	4650
700	5200	5300	5200	5100	4950	4800	4600	4450

注：1. 本表摘自《建筑给水排水设计规范》GB 50015—2003（2009 年版）表 3.6.1。
2. 当居住小区内含多种住宅类别及户内 N_g 不同时，可采用加权平均法计算。
3. 表内数据可用内插法。
4. 表内 N_g 为每户卫生器具当量数，q_L 为住宅最高日用水量定额，K_h 为用水小时变化系数。

（3）建筑物的热水引入管的设计流量，按《建筑给水排水设计规范》GB 50015—2003（2009 年版）3.6.3 条的要求确定。

（4）住宅热水给水管道的设计秒流量，可依据《建筑给水排水设计规范》GB 50015—2003（2009 年版）3.6.4 条的要求按下列步骤和方法计算：

1）生活给水管道最大用水时一个卫生器具给水当量平均出流概率

$$U_0=\frac{100q_L mK_h}{0.2\cdot N_g\cdot T\cdot 3600} \tag{6-1}$$

式中　U_0——生活给水管道最大用水时一个卫生器具给水当量平均出流概率，%；

q_L——最高日生活用水定额，L/(人・d)，按表 6-2 取用；

m——每户用水人数；

K_h——小时变化系数，按表 6-2 取用；

N_g——每户设置的卫生器具给水当量数，卫生器具当量见表 4-1；

T——用水时间，h；

0.2——一个卫生器具给水当量的额定流量，L/s。

住宅最高日生活用水定额及小时变化系数　　表 6-2

住宅类别		卫生器具设置标准	用水定额[L/(人·d)]	小时变化系数
普通住宅	Ⅰ	有大便器、洗涤盆	85～150	3.0～2.5
	Ⅱ	有大便器、洗脸盆、洗涤盆、洗衣机、热水器和沐浴设备	130～300	2.8～2.3
	Ⅲ	有大便器、洗脸盆、洗涤盆、洗衣机、集中热水供应(家用热水机组)和沐浴设备	180～320	2.5～2.0
别墅		有大便器、洗脸盆、洗涤盆、洗衣机、洒水栓、家用热水机组和沐浴设备	200～350	2.3～1.8

注：1. 本表摘自《建筑给水排水设计规范》GB 50015—2003（2009 年版）表 3.1.9；
2. 当地主管部门对住宅生活用水定额有具体规定时，应按当地规定执行；
3. 别墅用水定额中含庭院绿化用水和洗车用水。

2）计算管段卫生器具给水当量同时出流概率

$$U=100\frac{1+\alpha_c(N_g-1)^{0.49}}{\sqrt{N_g}} \tag{6-2}$$

式中　U——计算管段卫生器具给水当量同时出流概率，%；

α_c——对应于不同 U_0 的系数，由表 6-3 查取。

U_0～α_c 值对应表　　表 6-3

U_0(%)	α_c	U_0(%)	α_c
1.0	0.00323	4.0	0.02816
1.5	0.00697	4.5	0.03263
2.0	0.01097	5.0	0.03715
2.5	0.01512	6.0	0.04629
3.0	0.01939	7.0	0.05555
3.5	0.02374	8.0	0.06489

3）计算管段设计秒流量

$$q_g = 0.2 \cdot U \cdot N_g \qquad (6\text{-}3)$$

式中 q_g——计算管段的设计秒流量，L/s。

在计算出 U_0 后，可根据计算管段的 N_g 值从《建筑给水排水设计规范》GB 50015—2003（2009 年版）附录 E“给水管段设计秒流量计算表”，采用内插法直接查得 q_g；当计算管段卫生器具给水当量总数超过附录 E 中的最大值时，其设计流量应取最大时用水量。

4）热水干管有两条或两条以上具有不同最大用水时卫生器具给水当量平均出流概率的热水支管时，该管段最大用水时卫生器具给水当量平均出流概率应按式（6-4）计算：

$$U_0 = \frac{\sum U_{0i} N_{gi}}{\sum N_{gi}} \qquad (6\text{-}4)$$

式中 U_0——热水干管卫生器具给水当量平均出流概率，%；

U_{0i}——支管最大用水时卫生器具给水当量平均出流概率，%；

N_{gi}——相应支管的卫生器具给水当量总数。

（5）居住小区（住宅人多）热水给水管道的最大时用水量

1）根据使用热水的计算单位数（人、床、座位或每千克干衣）、最高日热水用水定额、使用时间及小时变化系数计算设计小时热水量。

计算公式由《建筑给水排水设计规范》GB 50015—2003（2009 年版）中式（5.3.2）代入式（5.3.1-1）导出：

$$q_{rh} = \frac{Q_h}{(t_r - t_l) C \rho_r} = \frac{K_h \dfrac{m q_r C (t_r - t_l) \rho_r}{T}}{(t_r - t_l) C \rho_r} = K_h \frac{m q_r}{T} \qquad (6\text{-}5)$$

式中 q_{rh}——设计小时热水量，L/h；

K_h——小时变化系数，可按表 6-4 采用；

m——用水计算单位数，人、床、座位或每公斤干衣；

q_r——最高日热水用水定额，L/(人·d)、L/(床·d)、L/

（座位·次）或L/每千克干衣，由表4-2查用；

T——每日使用时间，h，由表4-2查用。

热水小时变化系数 K_h 值　　　　表 6-4

类别	住宅	别墅	酒店式公寓	宿舍（Ⅰ、Ⅱ类）
热水用水定额[L/（人（床）·d）]	60～100	70～110	80～100	70～100
使用人（床）数	≤100～≥6000	≤100～≥6000	≤150～≥1200	≤150～≥1200
K_h	4.8～2.75	4.21～2.47	4.00～2.58	4.80～3.20
招待所、培训中心、普通旅馆	宾馆	医院、疗养院	幼儿园、托儿所	养老院
25～50 40～60 50～80 60～100	120～160	60～100 70～130 110～200 100～160	20～40	50～70
≤150～≥1200	≤150～≥1200	≤50～≥1000	≤50～≥1000	≤50～≥1000
3.84～3.00	3.33～2.60	3.63～2.56	4.80～3.20	3.20～2.74

2）根据供应热水的卫生器具小时热水用水定额、卫生器具数和卫生器具的同时使用百分数计算设计小时热水量。

计算公式由《建筑给水排水设计规范》GB 50015—2003（2009年版）中式（5.3.2）代入式（5.3.1-2）导出：

$$q_{rh}=\frac{Q_h}{(t_r-t_l)C\rho_r}=\frac{\sum q_h(t_r-t_l)\rho_r n_0 bC}{(t_r-t_l)C\rho_r}=\sum q_h n_0 b \qquad (6\text{-}6)$$

式中 q_{rh}——设计小时热水量，L/h；

q_h——卫生器具小时热水用水定额，L/h，由表4-3查用；

n_0——同类型卫生器具数；

b——卫生器具的同时使用百分数：住宅、旅馆，医院、疗养院病房，卫生间内浴盆或淋浴器可按70%～100%计，其他器具不计，但定时连续供水时间应大于等于2h。工业企业生活间、公共浴室、学校、剧院、体育馆（场）等的淋浴器和洗脸盆均按100%计。住宅一户设有多个卫生间时，可按一个卫生间计算。

（6）热水给水管道设计秒流量

1）宿舍（Ⅰ、Ⅱ类）、旅馆、宾馆、酒店式公寓、医院、疗养院、幼儿园、养老院、办公楼、商场、图书馆、书店、客运站、航站楼、会展中心、中小学教学楼、公共厕所等建筑可依据《建筑给水排水设计规范》GB 50015—2003（2009 年版）3.6.5 条的要求按式（6-7）求算热水给水管道设计秒流量（q_g）。

$$q_g = 0.2\alpha\sqrt{N_g} \tag{6-7}$$

式中 q_g——计算管段的热水设计秒流量，L/s；

N_g——计算管段的卫生器具给水当量总数，卫生器具当量见表 4-1；

α——根据建筑物用途而定的系数，按表 6-5 采用。

各种建筑物 α 值 **表 6-5**

建筑物名称	α 值	建筑物名称	α 值
幼儿园、托儿所、养老院	1.2	学校	1.8
门诊部、诊疗所	1.4	医院、疗养院、休养所	2.0
办公楼、商场	1.5	酒店式公寓	2.2
图书馆	1.6	宿舍（Ⅰ、Ⅱ类）、旅馆、招待所、宾馆	2.5
书店	1.7	客运站、航站楼、会展中心、公共厕所	3.0

注：1. 如计算值小于该管段上一个最大卫生器具给水额定流量时，应采用一个最大卫生器具给水额定流量作为设计秒流量；

2. 如计算值大于该管段上按卫生器具给水额定流量累加所得流量值时，应按卫生器具给水额定流量累加所得流量值采用；

3. 有大便器延时自闭冲洗阀的给水管段，大便器延时自闭冲洗阀的给水当量均以 0.5 计，计算得到的 q_g 附加 1.20L/s 的流量后，为该管段的给水设计秒流量；

4. 综合楼建筑的 α 值应按加权平均法计算。

2）宿舍（Ⅲ、Ⅳ类）、工业企业生活间、公共浴室、职工食堂或营业餐馆的厨房、体育场馆、影剧院、普通理化实验室等建筑可依据《建筑给水排水设计规范》GB 50015—2003（2009 年版）3.6.6 条的要求按式（6-8）求算热水给水管道设计秒流量（q_g）。

$$q_g = \sum q_0 n_0 b \tag{6-8}$$

式中 q_g——计算管段的热水设计秒流量，L/s；

q_0——同类型的一个卫生器具给水额定流量，L/s，查表4-1选取；

n_0——同类型卫生器具数；

b——同类型卫生器具的同时给水百分数，由表6-6～表6-8选取。

如计算值小于该管段上一个最大卫生器具给水额定流量时，应采用一个最大卫生器具给水额定流量作为设计秒流量；大便器延时自闭冲洗阀应单列计算，当单列计算值小于1.20L/s时，以1.20L/s计；大于1.20L/s时，以计算值计。

宿舍（Ⅲ、Ⅳ类）、工业企业生活间、公共浴室、影剧院、体育场馆等卫生器具同时给水百分数（%）　　表6-6

卫生器具名称	宿舍（Ⅲ、Ⅳ类）	工业企业生活间	公共浴室	影剧院	体育场馆
洗涤盆(池)	—	33	15	15	15
洗手盆	—	50	50	50	70(50)
洗脸盆、盥洗槽水嘴	50～100	60～100	60～100	50	80
浴盆	—	—	50	—	—
无间隔淋浴器	20～100	100	100	—	100
有间隔淋浴器	5～80	80	60～80	(60～80)	(60～100)
大便器冲洗水箱	5～70	30	20	50(20)	70(20)
大便槽自动冲洗水箱	100	100	—	100	100
大便器自闭式冲洗阀	1～2	2	2	10(2)	5(2)
小便器自闭式冲洗阀	2～10	10	10	50(10)	70(10)
小便器(槽)自动冲洗水箱	—	100	100	100	100
净身盆	—	33	—	—	—
饮水器	—	30～60	30	30	30
小卖部洗涤盆	—	—	50	500	50

注：1. 表中括号内的数值系电影院、剧院的化妆间，体育场馆的运动员休息室使用；
2. 健身中心的卫生间，可采用本表体育场馆运动员休息室的同时给水百分率。

职工食堂、营业餐馆的厨房设备同时给水百分数（%）

表 6-7

厨房设备名称	同时给水百分数	厨房设备名称	同时给水百分数
洗涤盆(池)	70	开水器	50
煮锅	60	蒸汽发生器	100
生产性洗涤机	40	灶台水嘴	30
器皿洗涤机	90		

注：职工或学生食堂的洗碗台水嘴，按100%同时给水，但不与厨房用水叠加。

实验室化验水嘴同时给水百分数（%） **表 6-8**

化验水嘴名称	同时给水百分数	
	科研教学实验室	生产实验室
单联化验水嘴	20	30
双联或三联化验水嘴	30	50

第7章　热水配水管道水力计算

7.1　计算依据及要点

（1）热水给水管道设计流量计算公式汇总于表7-1。

热水给水管道设计流量计算公式　　　　**表7-1**

<table>
<tr><th>序号</th><th>类别</th><th>公式</th><th>适用范围或建筑物名称</th><th>符号意义</th></tr>
<tr><td rowspan="2">1</td><td rowspan="2">室外最大时用水量</td><td>按计算单位数计算→
$q_{rh}=K_h\dfrac{mq_r}{T}$</td><td rowspan="2">居住小区住宅人多</td><td rowspan="2">q_{rh}——设计小时热水量，L/h；
K_h——小时变化系数；
m——用水计算单位数；
q_r——最高日热水用水定额，L/(人・d)、L/(床・d)，或L/每千克干衣等；
T——每日使用时间，h；
q_h——卫生器具小时热水用水定额，L/h；
n_0——同类型卫生器具数；
b——卫生器具的同时使用百分数，%</td></tr>
<tr><td>按卫生器具数计算→
$q_{rh}=\sum q_h n_0 b$</td></tr>
<tr><td rowspan="3">2</td><td rowspan="3">室内、外设计秒流量</td><td>平均出流概率→
$U_0=\dfrac{100q_L mK_h}{0.2\cdot N_g\cdot T\cdot 3600}$</td><td rowspan="3">居住小区住宅人少</td><td rowspan="3">U_0——生活给水管道最大用水时一个卫生器具给水当量平均出流概率，%；
q_L——最高日生活用水定额，L/(人・d)；
m——每户用水人数；
K_h——小时变化系数；
N_g——每户设置的卫生器具给水当量数；
T——用水时间，h；
0.2——一个卫生器具给水当量的额定流量，L/s；
U——计算管段卫生器具给水当量同时出流概率，%；
α_c——对应于不同U_0的系数；
q_g——计算管段的设计秒流量，L/s</td></tr>
<tr><td>同时出流概率→
$U=100\dfrac{1+\alpha_c(N_g-1)^{0.49}}{\sqrt{N_g}}$</td></tr>
<tr><td>计算管段设计秒流量→
$q_g=0.2\cdot U\cdot N_g$</td></tr>
</table>

续表

序号	类别	公式	适用范围或建筑物名称	符号意义
3	建筑室内设计秒流量	$q_g=0.2\alpha\sqrt{N_g}$	宿舍（Ⅰ、Ⅱ类）、旅馆、宾馆、酒店式公寓、医院、疗养院、幼儿园、养老院、办公楼、商场、图书馆、书店、客运站、航站楼、会展中心、中小学教学楼、公共厕所	q_g——计算管段的热水设计秒流量，L/s； N_g——计算管段的卫生器具给水当量总数； α——根据建筑物用途而定的系数
4	建筑室内设计秒流量	$q_g=\sum q_0 n_0 b$	宿舍（Ⅲ、Ⅳ类）、工业企业生活间、公共浴室、职工食堂或营业餐馆的厨房、体育场馆、影剧院、普通理化实验室	q_g——计算管段的热水设计秒流量，L/s； q_0——同类型的一个卫生器具给水额定流量，L/s； n_0——同类型卫生器具数； b——同类型卫生器具的同时给水百分数

（2）卫生器具的额定流量和当量按表 4-1 中一个阀开的数据。

（3）管道水力计算采用的表格按《建筑给水排水设计手册》第二版（下册）：

1）聚丙烯热水管见附表 C“给水聚丙烯管水力计算表”C-2；

2）氯化聚氯乙烯（PVC-C）管

① 管系列 S5 的热水（60℃）见附表 D“建筑给水氯化聚氯乙烯管水力计算表”D-3；

② 管系列 S4 的热水（60℃）见附表 D“建筑给水氯化聚氯乙烯管水力计算表”D-4。

3）薄壁不锈钢管见附表 H“建筑给水薄壁不锈钢管水力计

算表”。

4）薄壁铜管见附表J“建筑给水铜管水力计算表”。

附表H为冷水水力计算表，用于热水时表中水头损失应乘0.76。

（4）热水管道中的流速

根据所供给的水压大小而定，一般采用0.8～1.5m/s。对防止噪声有严格要求的建筑或管径小于等于25mm的管道，宜采用0.6～0.8m/s。

（5）热水管道的单位长度水头损失

我国建筑给水管道由于过去多使用镀锌钢管和铸铁管，故水力计算一直采用以旧钢管及旧铸铁管为对象建立的舍维列夫公式。编者当年就读大学时用的教科书《给水工程》（上册）写道：在确定管段的水头损失时，很少直接用公式计算，通常利用表格和图表。

中国建筑工业出版社1973年出版发行的绿皮《给水排水设计手册》：2管渠水力计算表→七、热水管中提到“热水管的水力计算方法与冷水管相同，…”；中国建筑工业出版社1986年出版发行的紫皮《给水排水设计手册》：第1册 常用资料→18热水管水力计算和中国建筑工业出版社1992年出版发行的白皮《建筑给水排水设计手册》→16.5热水管水力计算，其计算公式如下：

$$R=\frac{\lambda}{d_{\mathrm{j}}}\frac{v^2}{2g}\gamma \tag{7-1}$$

式中 R——单位水头损失，mmH_2O/m；

λ——摩阻系数；

d_{j}——管道计算内径，mm；

v——管内平均水流速度，m/s；

g——重力加速度，为9.81m/s^2；

γ——热水的密度，为0.98324（水温为60℃时）。

近年来，不锈钢管、铜管的使用日趋普遍，各种塑料管的使用也日趋成熟。为此，现行《建筑给水排水设计规范》GB 50015—2003（2009年版）为便于采用，决定采用能够适应不同粗糙系数管道的海澄-威廉公式，作为各种管材统一的水力计算公式，这是本行业的一次跨越。此举措在中国建筑工业出版社2008年出版发行的白皮《建筑给水排水设计手册》第二版（上册）中也已显现。

$$i=105C_h^{-1.85}d_j^{-4.87}q_g^{1.85} \tag{7-2}$$

式中 i——单位长度水头损失，kPa/m；

d_j——管道计算内径，mm；

q_g——热水设计秒流量，m^3/s；

C_h——海澄-威廉系数：

各种塑料管、内衬（涂）塑管 $C_h=140$；

不锈钢管、铜管 $C_h=130$；

衬水泥、树脂的铸铁管 $C_h=130$；

普通钢管、铸铁管 $C_h=100$。

注：钢管和铸铁管水力计算时所用的计算内径 d_j，见白皮《建筑给水排水设计手册》第二版（下册）表19.1-1；塑料管为计算方便，水力计算表是按标准管的计算内径编制的；薄壁不锈钢管见附表H，薄壁铜管见附表J，薄壁不锈钢管和薄壁铜管表列 d_j 均以m为单位。

（6）如需要精确计算热水管道的局部水头损失时，可按式（7-3）计算：

$$h=\zeta\frac{\gamma v^2}{2g} \tag{7-3}$$

式中 h——局部阻力水头损失，mmH_2O；

ζ——局部阻力系数，可按表7-2采用；局部水头损失亦可直接按表7-3$\zeta=1$的局部损失乘局部阻力系数之和值计算；

γ——60℃的热水密度，$\gamma=983.24kg/m^3$；

v——流速，m/s；

g——重力加速度，m/s^2。

局部阻力系数值　　　　表 7-2

局部阻力形式	ζ值	局部阻力形式	ζ值					
热水锅炉	2.5	直流四通	2.0					
突然扩大	1.0	旁流四通	3.0					
突然缩小	0.5	汇流四通	3.0					
逐渐扩大	0.6	止回阀	7.5					
逐渐收缩	0.3		在下列管径时的ζ值					
Ω型伸缩器	2.0		*DN*15	*DN*20	*DN*25	*DN*32	*DN*40	*DN*50以上
套管伸缩器	0.6	直杆截止阀	16	10	9	9	8	7
让弯管	0.5	斜杆截止阀	3	3	3	2.5	2.5	2
直流三通	1.0	旋塞阀	4	2	2	2	—	—
旁流三通	1.5	闸门	1.5	0.5	0.5	0.5	0.5	0.5
汇流三通	3.0	90°弯头	2.0	2.0	1.5	1.5	1.0	1.0

热水管道局部阻力系数ζ＝1 的局部损失　　　　表 7-3

流速 v (m/s)	ζ＝1 (mm H_2O)	流速 v (m/s)	ζ＝1 (mm H_2O)	流速 v (m/s)	ζ＝1 (mm H_2O)	流速 v (m/s)	ζ＝1 (mm H_2O)	流速 v (m/s)	ζ＝1 (mm H_2O)
0.01	0.005	0.13	0.85	0.25	3.14	0.37	6.86	0.58	16.86
0.02	0.02	0.14	0.98	0.26	3.37	0.38	7.24	0.60	18.04
0.03	0.045	0.15	1.13	0.27	3.66	0.39	7.62	0.70	24.56
0.04	0.08	0.16	1.28	0.28	3.91	0.40	8.02	0.80	32.07
0.05	0.125	0.17	1.45	0.29	4.22	0.42	8.84	0.90	40.59
0.06	0.18	0.18	1.62	0.30	4.49	0.44	9.70	1.00	50.11
0.07	0.25	0.19	1.81	0.31	4.82	0.46	10.60	1.10	60.64
0.08	0.32	0.20	2.00	0.32	5.14	0.48	11.55	1.20	72.16
0.09	0.41	0.21	2.21	0.33	5.46	0.50	12.53	1.30	84.69
0.10	0.50	0.22	2.42	0.34	5.80	0.52	13.55	1.40	98.22
0.11	0.61	0.23	2.65	0.35	6.14	0.54	14.61	1.50	112.75
0.12	0.72	0.24	2.87	0.36	6.49	0.56	15.71	1.60	128.28

（7）不需要精确计算时，热水管道的局部水头损失按计算管路沿程水头损失的25%～30%估算。

（8）在热水供应中，水的计算温度采用60℃（即供水和回水的平均温度）；水加热设备出口处的热水温度一般保持在65～

70℃；通过管网输送至最远最不利配水点的水温，一般不应低于55℃；在热水循环管道中，温度一般允许下降5℃，即返回水加热设备的回水温度最低为50℃。故供水和回水的平均温度＝（70 ＋ 50） ÷ 2 ＝ 60℃。所以热水密度 $\gamma = 983.24\text{kg/m}^3$（$0.98324\text{kg/L}$），运动粘滞系数 $\nu = 0.478 \times 10^{-6}\text{m}^2/\text{s}$。

将 $\nu = 0.478 \times 10^{-6}$ 代入公式 $\lambda = \frac{1}{d_j^{0.3}}\left(1.5 \times 10^{-6} + \frac{\nu}{\mu}\right)^{0.3}$ 中，得出热水管摩阻系数 λ 的计算公式如下：

$$
\begin{aligned}
\lambda &= \frac{1}{d_j^{0.3}}\left(1.5 \times 10^{-6} + \frac{\nu}{\upsilon}\right)^{0.3} \\
&= \frac{1}{d_j^{0.3}}\left(1.5 \times 10^{-6} + \frac{0.478 \times 10^{-6}}{\upsilon}\right)^{0.3} \\
&= \frac{1}{d_j^{0.3}}\left(0.0000015 + \frac{0.000000478}{\upsilon}\right)^{0.3} \\
&= \frac{1}{d_j^{0.3}}\left(0.0000015 \times \frac{0.0000015}{0.0000015} + \frac{0.000000478}{\upsilon} \times \frac{0.0000015}{0.0000015}\right)^{0.3} \\
&= \frac{1}{d_j^{0.3}}\left[0.0000015\left(\frac{0.0000015}{0.0000015} + \frac{0.000000478}{0.0000015\upsilon}\right)\right]^{0.3} \\
&= \frac{1}{d_j^{0.3}}0.0000015\left(1 + \frac{0.31866\cdots}{\upsilon}\right)^{0.3} \\
&= \frac{1}{d_j^{0.3}}0.0000015^{0.3}\left(1 + \frac{0.31866\cdots}{\upsilon}\right)^{0.3} \\
&= \frac{1}{d_j^{0.3}} \times 0.0178989\cdots\left(1 + \frac{0.31866\cdots}{\upsilon}\right)^{0.3} \\
&= \frac{0.0179}{d_j^{0.3}}\left(1 + \frac{0.3187}{\upsilon}\right)^{0.3}
\end{aligned}
\quad (7\text{-}4)
$$

将 $\lambda = \frac{0.0179}{d_j^{0.3}}\left(1 + \frac{0.3187}{\upsilon}\right)^{0.3}$ 代入公式 $R = \frac{\lambda}{d_j} \cdot \frac{\upsilon^2}{2g}\gamma$ 中，得出热水管单位水头损失 R 的计算公式如下：

$$R = \frac{\lambda}{d_j} \cdot \frac{\upsilon^2}{2g}\gamma$$

$$=\frac{\frac{0.0179}{d_j^{0.3}}\left(1+\frac{0.3187}{v}\right)^{0.3}}{d_j}\cdot\frac{v^2}{2g}\gamma$$

$$=\frac{0.0179\left(1+\frac{0.3187}{v}\right)^{0.3}}{d_j^{1.3}}\cdot\frac{v^2}{2\times 9.81}\cdot 0.98324$$

$$=\frac{0.0179\times 0.98324}{19.62}\cdot\frac{v^2}{d_j^{1.3}}\left(1+\frac{0.3187}{v}\right)^{0.3}$$

$$=0.000897\frac{v^2}{d_j^{1.3}}\left(1+\frac{0.3187}{v}\right)^{0.3} \tag{7-5}$$

式中 R——单位水头损失，mmH_2O；

λ——摩阻系数；

d_j——管道计算内径，mm；

v——管内平均水流速度，m/s；

g——重力加速度，m/s^2；

γ——60℃的热水密度，$\gamma=0.98324$kg/L。

7.2 系统计算步骤

7.2.1 热水管网自然循环计算步骤

热水管网自然循环靠自然循环作用水头（即自然压力）驱动。

（1）对配水管网主要节点进行编号（由最不利点至加热设备依次顺序编号，回水管网对应 x'，按序编号）。

（2）进行配水管网水力计算（用水量计算见“第 6 章 6.3 节和第 4 章 表 4-1～表 4-3”相关部分；水头损失计算见“第 7 章 7.1 节（3）～（7）”相关部分）。

（3）确定回水管管径（配水管管径确定后，相应位置的回水管管径可按其小一号取定，但最小管径不得小于 20mm）。

（4）计算各管段终点水温

加热器出水温度与热水管网最不利点的温度降，一般根据系统大小选用 5～10℃。

1）先求出各管段温降因素 M 值：

$$M=\frac{l(1-\eta)}{D} \tag{7-6}$$

式中 M——计算管段的温降因素；

l——管段长度，m；

η——保温系数：

不保温时　$\eta=0$；

简单的保温　$\eta=0.6$；

较好的保温　$\eta=0.7\sim0.8$；

最好的保温　$\eta=0.9$；

D——公称管径，mm。

2）再根据各管段温降因素求算管段温度降 Δt：

$$\Delta t=M\frac{\Delta T}{\sum M} \tag{7-7}$$

式中 Δt——管段温度降，℃；

M——计算管段的温降因素；

ΔT——配水管网最大温度降，℃；

$\sum M$——计算管段温降因素之和。

3）最后算出管段终点水温 t_z：

$$t_z=t_a-\Delta t \tag{7-8}$$

式中 t_z——计算管段终点水温，℃；

Δt——管段温度降，℃；

t_a——计算管段起点水温，℃，因节点水温计算起始加热器，至最不利配水点终了，所以第一段起点水温是加热器热水供水温度，第二段起点水温为第一段终点水温，依此类推。

（5）计算配水管网热损失

$$W=\pi D_{外}\ lK(1-\eta)(t_m-t_k)=l(1-\eta)\Delta W \tag{7-9}$$

式中 W——管段热损失，W；

π——圆周率，$\pi=3.14$；

$D_{外}$——管道计算外径，m；

l——计算管段长度，m；

K——无保温管道的传热系数，约为 11.63～12.21W/(m^2·℃)；

η——保温系数（不保温时 $\eta=0$。简单的保温，如黏土掺麻絮 $\eta=0.6$。较好的保温：按照保温材料导热系数应不大于 0.139W/(m·℃)，密度应不大于 500kg/m^3，将常用的石棉、泡沫混凝土、硅藻土等定为$\eta=0.7$；膨胀蛭石、矿渣棉、玻璃棉、膨胀珍珠岩等定为 $\eta=0.8$。最好的保温当属“氰聚塑”直埋保温材料，导热系数 0.03～0.04W/(m·℃)，定为 $\eta=0.9$)；

t_m——计算管段的平均水温,℃，$t_m=\frac{t_a+t_z}{2}$；

t_k——计算管段周围的空气温度,℃，无资料时可按表 7-4 采用；

ΔW——不保温热水管道的单位长度热损失，W/m，在已知温差 $\Delta t=t_m-t_k$ 和管道管径时，可按表7-5所列直接查得，亦可按 $\Delta W=\pi D_{外} K(t_m-t_k)$计算。

管道周围的空气温度　　表 7-4

管道敷设情况	t_k(℃)	管道敷设情况	t_k(℃)
采暖房间内明管敷设	18～20	敷设在不采暖房间的地下室	5～10
采暖房间内暗管敷设	30	敷设在室内地下管沟内	35
敷设在不采暖房间的顶棚内	采用 1 月份室外平均气温		

金属管道绝热材料保温时的管道热损失，kJ/(m·h)，由表 7-6 查取。

不保温热水管道的单位长度热损失（W/m） 表 7-5

温差 Δt (℃)	水煤气钢管直径(mm)(上行公称管径,下行外径)										
	15	20	25	32	40	50	70	80	100	125	150
	21.25	26.75	33.50	42.25	48.00	60.00	75.50	88.50	114.00	140.00	165.00
30	23.89	30.00	37.78	47.50	54.17	67.51	85.01	99.73	128.34	157.51	185.85
32	25.56	32.22	40.28	50.84	57.78	71.95	90.56	106.40	136.96	168.07	198.07
34	27.22	34.17	42.78	53.89	61.39	76.40	96.40	113.06	145.57	178.63	210.57
36	28.61	36.11	45.28	57.23	65.01	81.12	101.95	119.45	153.90	189.18	222.80
38	30.28	38.06	47.78	60.28	68.62	85.56	107.79	126.12	162.51	199.74	235.30
40	31.95	40.28	50.28	63.62	72.23	90.01	113.34	132.79	171.12	209.18	247.80
42	33.61	42.23	52.78	66.67	75.84	94.45	118.90	139.46	179.74	220.57	260.02
44	35.00	44.17	55.28	70.01	79.45	99.17	124.73	146.12	188.35	231.13	272.52
46	36.67	46.11	57.78	73.06	83.06	103.62	130.29	152.79	196.68	241.69	284.75
48	38.34	48.34	60.28	76.12	86.67	108.06	136.12	159.46	205.29	252.24	297.25
50	40.00	50.28	62.78	79.45	90.29	112.51	141.68	166.12	213.91	262.80	309.75
52	41.39	52.23	65.28	82.51	93.90	117.23	147.23	172.79	222.52	273.08	321.97
54	43.06	54.17	67.78	85.84	97.51	121.68	153.07	179.46	231.13	283.63	334.47
56	44.73	56.39	70.28	88.90	101.12	126.12	158.62	186.13	239.46	294.19	346.69

续表

温差 Δt (℃)	水煤气钢管直径(mm)(上行公称管径,下行外径)										
	15	20	25	32	40	50	70	80	100	125	150
	21.25	26.75	33.50	42.25	48.00	60.00	75.50	88.50	114.00	140.00	165.00
58	46.39	58.34	72.78	91.95	104.73	130.57	164.46	192.52	248.08	304.75	359.20
60	47.78	60.28	75.56	95.29	108.34	135.01	170.01	199.18	256.69	315.30	371.42
62	49.45	62.23	78.06	98.34	111.95	139.73	175.57	205.85	265.30	325.86	383.92
64	51.12	64.17	80.56	101.67	115.56	144.18	181.40	212.52	273.91	336.14	396.42
66	52.50	66.39	83.06	104.73	119.18	148.62	186.96	219.18	282.24	346.69	408.64
68	54.17	68.34	85.56	107.79	122.79	153.07	192.79	225.85	290.86	357.25	421.14
70	55.84	70.28	88.06	111.12	126.12	157.51	198.35	232.52	299.47	367.81	433.37
72	57.50	72.23	90.56	114.18	129.73	162.24	203.91	239.19	308.08	378.36	445.87
74	59.17	74.17	93.06	117.51	133.34	166.68	209.74	245.85	316.69	388.92	458.09
76	60.56	76.40	95.56	120.57	136.96	171.12	215.30	252.52	325.03	399.20	470.59
78	62.23	78.34	98.06	123.90	140.57	175.57	221.13	259.19	333.64	409.76	483.09
80	63.89	80.28	100.56	126.95	144.18	180.01	226.68	265.58	342.25	420.31	495.32
82	65.56	82.23	103.06	130.01	147.79	184.74	232.24	272.24	350.86	430.87	507.82
84	66.95	84.45	105.56	133.34	151.40	189.18	238.07	278.91	359.47	441.42	520.04

续表

温差 Δt (℃)	水煤气钢管直径(mm)(上行公称管径,下行外径)										
	15	20	25	32	40	50	70	80	100	125	150
	21.25	26.75	33.50	42.25	48.00	60.00	75.50	88.50	114.00	140.00	165.00
86	68.62	86.40	108.06	136.40	155.01	193.63	243.63	285.58	367.81	451.70	532.54
88	70.28	88.34	110.56	139.73	158.62	198.07	249.46	292.25	376.42	462.26	545.04
90	71.67	90.29	113.06	142.79	162.24	202.79	255.02	298.91	385.03	472.82	557.27

金属管道绝热材料保温时的管道热损失及绝热层厚度（环境温度30℃，介质温度60℃）　　表7-6

序号	绝热材料名称	管径(mm)		15	20	25	32	40	50	65	80	100	150	200
			公称管径	15	20	25	32	40	50	65	80	100	150	200
			外径	22	27	34	42	48	60	76	89	114	159	219
1	玻璃棉制品	热损失	(W/m)	7.7	8.8	10.3	10.1	11.1	13.1	15.8	17.9	22.0	29.3	39.1
			(kJ/m·h)	27.72	31.68	37.08	36.36	39.96	47.16	56.88	64.44	79.20	105.48	140.76
		绝热层厚(mm)		15	15	15	20	20	20	20	20	20	20	20
2	超细玻璃棉制品	热损失	(W/m)	7.2	8.2	9.7	11.3	12.5	12.3	14.8	16.8	20.7	27.6	36.8
			(kJ/m·h)	25.92	29.52	34.92	40.68	45.00	44.28	53.28	60.48	74.52	99.36	132.48
		绝热层厚(mm)		15	15	15	15	15	20	20	20	20	20	20
3	泡沫橡塑制品(PVC/NBR)	热损失	(W/m)	8.2	8.3	9.5	11.0	12.1	14.3	17.2	19.5	24.0	32.0	35.9
			(kJ/m·h)	29.52	29.88	34.20	39.60	43.56	51.48	61.92	70.20	86.40	115.20	129.24

续表

序号	绝热材料名称	管径(mm)		15	20	25	32	40	50	65	80	100	150	200
			外径	22	27	34	42	48	60	76	89	114	159	219
3	泡沫橡塑制品(PVC/NBR)	绝热层厚(mm)		15	20	20	20	20	20	20	20	20	20	25
		热损失	(W/m)	6.1	7.0	8.2	9.5	10.6	12.6	15.3	17.5	21.6	29.1	39.1
4	酚醛泡沫制品(PF)		(kJ/m·h)	21.96	25.20	29.52	34.20	38.16	45.36	55.08	63.00	77.76	104.76	140.76
		绝热层厚(mm)		15	15	15	15	15	15	15	15	15	15	15
		热损失	(W/m)	8.9	10.1	11.7	11.9	13.1	15.3	18.2	20.6	25.1	33.2	43.9
5	复合硅酸盐制品		(kJ/m·h)	32.04	36.36	42.12	42.84	47.16	55.08	65.52	74.16	90.36	119.52	158.04
		绝热层厚(mm)		20	20	20	25	25	25	25	25	25	25	25
		热损失	(W/m)	6.3	7.2	8.5	9.9	11.0	13.1	15.9	18.1	22.5	30.2	40.6
6	聚氨酯泡沫制品		(kJ/m·h)	22.68	25.92	30.60	35.64	39.60	47.16	57.24	65.16	81.00	108.72	146.16
		绝热层厚(mm)		15	15	15	15	15	15	15	15	15	15	15
		热损失	(W/m)	7.7	8.8	10.3	10.1	11.2	13.2	15.8	18.0	22.1	29.5	39.3
7	聚乙烯泡沫制品(PEF)		(kJ/m·h)	27.72	31.68	37.08	36.36	40.32	47.52	56.88	64.80	79.56	106.20	141.48
		绝热层厚(mm)		15	15	15	20	20	20	20	20	20	20	20
8	岩棉制品	热损失	(W/m)	7.4	8.4	9.8	11.3	12.4	14.7	17.6	20.0	24.6	27.8	36.8
			(kJ/m·h)	26.64	30.24	35.28	40.68	44.64	52.92	63.36	72.00	88.56	100.08	132.48

续表

序号	绝热材料名称	管径(mm)		15	20	25	32	40	50	65	80	100	150	200
			公称管径	15	20	25	32	40	50	65	80	100	150	200
			外径	22	27	34	42	48	60	76	89	114	159	219
8	岩棉制品	绝热层厚(mm)		20	20	20	20	20	20	20	20	20	25	25
9	泡沫玻璃制品	热损失	(W/m)	9.4	10.6	12.1	13.9	15.2	17.8	19.0	21.3	25.8	33.9	44.6
			(kJ/m·h)	33.84	38.16	43.56	50.04	54.72	64.08	68.40	76.68	92.88	122.04	160.56
		绝热层厚(mm)		25	25	25	25	25	25	30	30	30	30	30
10	硅酸铝制品	热损失	(W/m)	8.1	9.2	9.2	10.7	11.7	13.9	16.7	18.9	23.2	31.0	41.3
			(kJ/m·h)	29.16	33.12	33.12	38.52	42.12	50.04	60.12	68.04	83.52	111.60	148.68
		绝热层厚(mm)		15	15	20	20	20	20	20	20	20	20	20
11	微孔硅酸钙制品	热损失	(W/m)	9.4	10.6	11.0	12.6	13.8	16.2	19.3	21.8	26.5	30.8	40.5
			(kJ/m·h)	33.84	38.16	39.60	45.36	49.68	58.32	69.48	78.48	95.40	110.88	145.80
		绝热层厚(mm)		20	20	25	25	25	25	25	25	25	30	30
12	憎水珍珠岩制品	热损失	(W/m)	9.9	10.1	11.6	13.3	14.5	17.0	20.2	20.4	24.7	32.4	42.6
			(kJ/m·h)	35.64	36.36	41.76	47.88	52.20	61.20	72.72	73.44	88.92	116.64	153.36
		绝热层厚(mm)		20	25	25	25	25	25	25	30	30	30	30

注：W/m 一项摘自《国家建筑标准设计图库》(03S401/23) 并增列外径和单位 (kJ/m·h) 两项。

（6）计算循环流量

1）管网总循环流量

$$q_x=\frac{\sum W}{C\rho_r\Delta T}\text{或}q_x=\frac{\sum W}{1.163\rho_r\Delta T} \qquad (7\text{-}10)$$

式中 q_x——管网总循环流量，L/h；

$\sum W$——循环配水管网的总热损失：左为规范和第三版《给水排水设计手册》计算式（单位 kJ/h），右为第二版《建筑给水排水设计手册》（上册）计算式（单位 W），一般采用设计小时耗热量的3%～5%，对于小区集中热水系统，也可采用设计小时耗热量的4%～6%；

ΔT——配水管网最大温度降，℃，按系统大小确定，一般取5～10℃，对于小区集中热水系统，也可取6～12℃；

C——水的比热：规范和第三版《给水排水设计手册》计算式C=4.187kJ/(kg·℃)，第二版《建筑给水排水设计手册》（上册）计算式C=1.163=4.187÷3.6；

ρ_r——热水密度，0.98324kg/L。

2）各管段的循环流量（图7-1）

① 从加热设备后的第一个节点开始，依次进行循环流量分配。

② 对任一节点，流向该节点的各循环流量之和等于流离该节点的各循环流量之和。

③ 对任一节点，各分支管段的循环流量与其以后全部循环配水管道的热损失之和成正比，即：

$$q_{n+1}=q_n\frac{\sum W_{n+1}}{\sum W_{n+1}+\sum W_n'} \qquad (7\text{-}11)$$

式中 q_n——流向节点n的循环流量，L/h；

q_{n+1}——流离节点n的正向分支管段的循环流量，即计算管段循环流量，L/h；

$\sum W_{n+1}$——正向分支管段及其以后各循环配水管段热损失之和，W；

$\sum W_n'$——侧向分支管段及其以后各循环配水管段热损失之和，W。

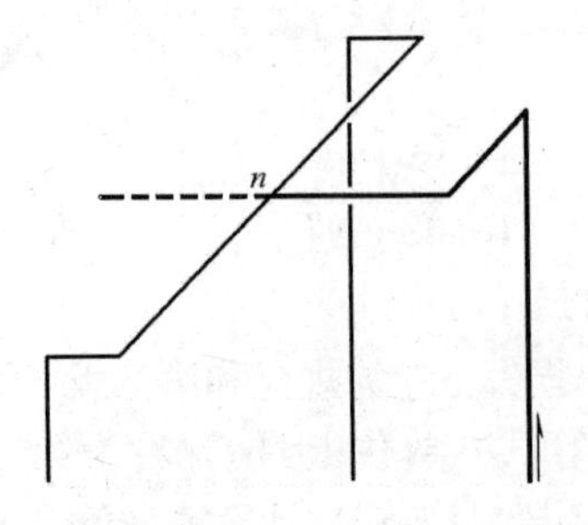

图 7-1　流向与流离节点的循环流量图示

(7) 复核各管段的终点水温

$$t_z'=t_a-\frac{W}{C\cdot q} \tag{7-12}$$

式中　t_z'——各管段终点水温,℃;

t_a——各管段起点水温,℃;

W——各管段的热损失，W;

q——各管段的循环流量，L/h;

C——水的比热，C=4.187kJ/(kg·℃)。

如复核之终点水温 t_z' 与公式（7-8）估算终点水温 t_z 相差较大，编者认为应重新进行循环流量分配，此后可假定各管段终点水温为 t_z''。

$$t_z''=\frac{t_z+t_z'}{2} \tag{7-13}$$

(8) 计算循环水头损失（水头损失计算见“第 7 章 7.1 节 (3)～(7)”相关部分）

管路中通过循环流量时所产生的水头损失为:

$$H=h_p+h_x=\sum Rl+\sum\xi\frac{v^2\gamma}{2g} \tag{7-14}$$

式中　H——最不利计算管路通过循环流量时所产生的总水头损失，mmH_2O;

h_p——循环流量通过配水管路的水头损失，mmH_2O;

h_x——循环流量通过回水管路的水头损失，mmH_2O;

R——单位长度沿程水头损失，mmH_2O；

l——管段长度，m；

ξ——局部阻力系数（见表 7-2）；

v——管中流速，m/s；

γ——60℃时的热水密度，983.24kg/m^3；

g——重力加速度，为 9.81m/s^2。

（9）计算自然循环作用水头

自然循环作用水头（自然压力）：由于热水在管道内流动时的热损失，导致水温逐渐降低，密度逐渐增加，因而在配水和回水立管间产生重力水头差，该水头差称为自然循环作用水头。其值按公式（7-15）和公式（7-16）计算。

热水管网如图 7-2 所示。

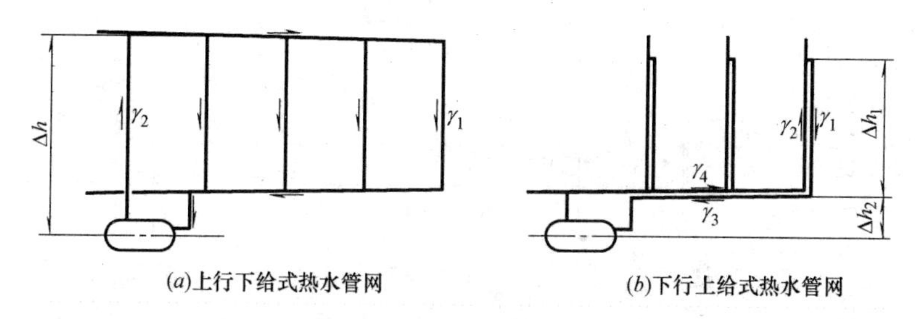

图 7-2　热水管网图示

1）对于上行下给式热水管网

$$H_x=\Delta h(\gamma_1-\gamma_2) \tag{7-15}$$

式中　H_x——自然循环作用水头，mmH_2O；

Δh——上行横干管中点至加热器或热水储水罐中心的标高差，m；

γ_1、γ_2——分别为最远配水立管和配水主立管中水的平均密度，kg/m^3。

2）对于下行上给式热水管网

$$H_x=\Delta h_1(\gamma_1-\gamma_2)+\Delta h_2(\gamma_3-\gamma_4) \tag{7-16}$$

式中　H_x——自然循环作用水头，mmH_2O；

Δh_1——最远回水立管顶部与底部的标高差，m；

Δh_2——最远回水立管底部与加热器或热水储水罐中心的标高差，m；

γ_1、γ_2——分别为最远回水立管和配水主立管中水的平均密度，kg/m^3；

γ_3、γ_4——分别为下行回水横干管和配水横干管中水的平均密度，kg/m^3。

注：管中水的平均密度系根据立管或横管两端水温先求出中点平均水温，再由表7-7查得相应密度。

水在不同温度下的密度（压力为100kPa时）　　表7-7

温度（℃）	密度（kg/m^3）	温度（℃）	密度（kg/m^3）	温度（℃）	密度（kg/m^3）	温度（℃）	密度（kg/m^3）
1	999.87	51	987.62	68	978.94	85	968.65
2	999.97	52	987.15	69	978.38	86	968.00
4	1000.00	53	986.69	70	977.81	87	967.34
10	999.73	54	986.21	71	977.23	88	966.68
20	998.23	55	985.73	72	976.66	89	966.01
30	995.67	56	985.25	73	976.07	90	965.34
40	992.24	57	984.75	74	975.48	91	964.67
41	991.86	58	984.25	75	974.84	92	963.99
42	991.47	59	983.75	76	974.29	93	963.30
43	991.07	60	983.24	77	973.68	94	962.61
44	990.66	61	982.72	78	973.07	95	961.92
45	990.25	62	982.20	79	972.45	96	961.22
46	989.82	63	981.67	80	971.83	97	960.51
47	989.40	64	981.13	81	971.21	98	959.81
48	988.96	65	980.59	82	970.57	99	959.09
49	988.52	66	980.05	83	969.94	100	958.38
50	988.07	67	979.50	84	969.30		

注：当热水的密度值以kg/L为单位时，其密度应除以1000。

（10）形成自然循环的条件

$$H_x \geqslant 1.35(H-h_i) \tag{7-17}$$

式中　H_x——自然循环作用水头，mmH_2O；

H——最不利计算环路通过循环流量的总水头损失，mmH_2O；

h_i——加热设备的水头损失，mmH_2O。

当计算结果不能满足上述条件时，可将管径适当放大，减少水头损失，使上述条件得到满足。但当自然循环作用水头与自然循环水头损失相差甚大时，放大管径在经济上就显得不合理，这时宜设置循环水泵，采用强制循环。

7.2.2 热水管网强制全日循环计算步骤

热水管网强制全日循环是指在整个热水供应时间内靠循环水泵加压，不间断进行水循环的方式（循环水泵应设在回水管上，计算时不考虑循环作用水头的影响）。

（1）对配水管网主要节点进行编号，同自然循环。

（2）进行配水管网水力计算，同自然循环。

（3）确定回水管管径（强制循环的回水管管径，一般可比其相对应的配水管管径小 2 号，但不得小于 20mm），可按表 7-8 选用。

强制循环回水管管径选用 **表 7-8**

配水管管径(mm)	20～25	32	40	50	65	80	100	125	150	200
回水管管径(mm)	20	20	25	32	40	40	50	65	80	100

（4）计算各管段终点水温，同自然循环。

（5）计算配水管网热损失，同自然循环。

（6）计算循环流量

1）管网总循环流量，同自然循环。

2）各管段的循环流量，同自然循环。

（7）复核各管段的终点水温，同自然循环。

（8）计算循环水头损失，同自然循环。

为使强制循环正常工作，回水管路的水头损失宜为配水管路的 3～4 倍。

(9) 确定循环附加流量

循环附加流量，一般取系统热水设计小时用水量的15%。

(10) 确定循环水泵的流量和扬程

$$Q_b \geq q_x + q_f \tag{7-18}$$

$$H_b \geq \left(\frac{q_x + q_f}{q_x}\right)^2 h_p + h_x \tag{7-19}$$

式中 Q_b——循环水泵流量，L/h；

q_x——管网总循环流量，L/h；

q_f——循环附加流量，L/h；

H_b——循环水泵扬程，mmH_2O；

h_p——循环流量通过配水管路的水头损失，mmH_2O；

h_x——循环流量通过回水管路的水头损失，mmH_2O。

近年来，专业同仁对以上全日循环计算式通过论证提出了修改意见。多数人认为循环水泵流量与循环附加流量无关，而循环水泵扬程则与循环附加流量在管网中所产生的水力阻力有关。为此现行规范推出下列计算式：

$$Q_b \geq q_x \tag{7-20}$$

$$H_b \geq \left(\frac{q_x + q_f}{q_x}\right)^2 h_p + h_x + h_j \tag{7-21}$$

式中 h_j——加热设备的水头损失，mmH_2O。

7.2.3 热水管网强制定时循环计算步骤

定时循环就是规定每天在热水供应之前，将管网中已经冷却了的存水抽回，并补充热水的循环方式。一般在热水供应之前半小时到一小时左右，循环水泵开始运转，直到把水加热至规定温度。因用水较为集中，故供应热水时可不考虑热水循环，循环水泵停止运转。

(1) 对配水管网主要节点进行编号，同自然循环。

(2) 进行配水管网水力计算，同自然循环。

(3) 确定回水管管径，同全日循环。

(4) 计算循环管网的水容积

水容积是指具有循环作用的管网水容积，包括配水管网和回水管网的容积，但不包括无回水管道的各管段及贮水器、加热设备的容积。

（5）计算配水管网热损失，同自然循环。

（6）计算总循环流量

$$q_x=(2\sim4)V \tag{7-22}$$

式中 q_x——管网总循环流量，L/h；

$2\sim4$——每小时循环次数；

V——循环管网的水容积，L。

（7）计算各管段循环流量，同自然循环。

（8）估算各管段终点水温，同自然循环。

（9）复核终点水温，同自然循环。

（10）计算循环水头损失，同自然循环。

（11）确定循环水泵的流量和扬程

$$Q_b\geqslant(2\sim4)V \tag{7-23}$$

$$H_b\geqslant h_p+h_x+h_j \tag{7-24}$$

式中 Q_b——循环水泵流量，L/h；

$2\sim4$——每小时循环次数；

V——循环管网的水容积，L；

H_b——循环水泵扬程，mmH_2O；

h_p——循环流量通过配水管路的水头损失，mmH_2O；

h_x——循环流量通过回水管路的水头损失，mmH_2O；

h_j——加热设备的水头损失，mmH_2O。

第8章　开式上行下给强制全日干、立管循环集中热水供应系统计算例题

【题意】

某综合办公楼，共十四层，建筑高度43.27m，列为二类建筑。1～6层是办公层，8～14层是客房层。共有客房98套，装修较好、设施齐全、卫生间上乘（56套设浴盆、立式洗面器和坐式大便器；42套设淋浴器、立式洗面器和坐式大便器）。设施虽好，但功能简单，重要性一般，所以应为普通旅馆。热水供应为全天机械循环。

一循环（运行压力0.49MPa）：

快装蒸汽锅炉→分汽缸→容积式水加热器→软水箱→给水泵（→返回快装蒸汽锅炉）

二循环：

容积式水加热器(出口70℃、进口55℃)→热水配水管网(不利点60℃、温降10℃)→热水回水管网(温降5℃)→循环水泵（→返回容积式水加热器）

配（回）水管基本在采暖房间暗装。保温绝热材料为岩棉制品及蛭石瓦，保温系数0.7。系统为上行下给式，见图8-1。冷水补给由屋顶水箱提供，补给水管DN100。

【题解】

（1）对配水管网主要节点进行编号，见图8-1。

（2）进行配水管网水力计算

方法和步骤与给水管网基本相同，详见表8-2。

由管网系统图和配水管网水力计算结果知：冷水补给水箱（屋顶水箱）的箱底标高48.00m，大于14层最不利点⑦所需水头42.10mH_2O，大于汽-水加热器出口要求总水头45.00mH_2O，

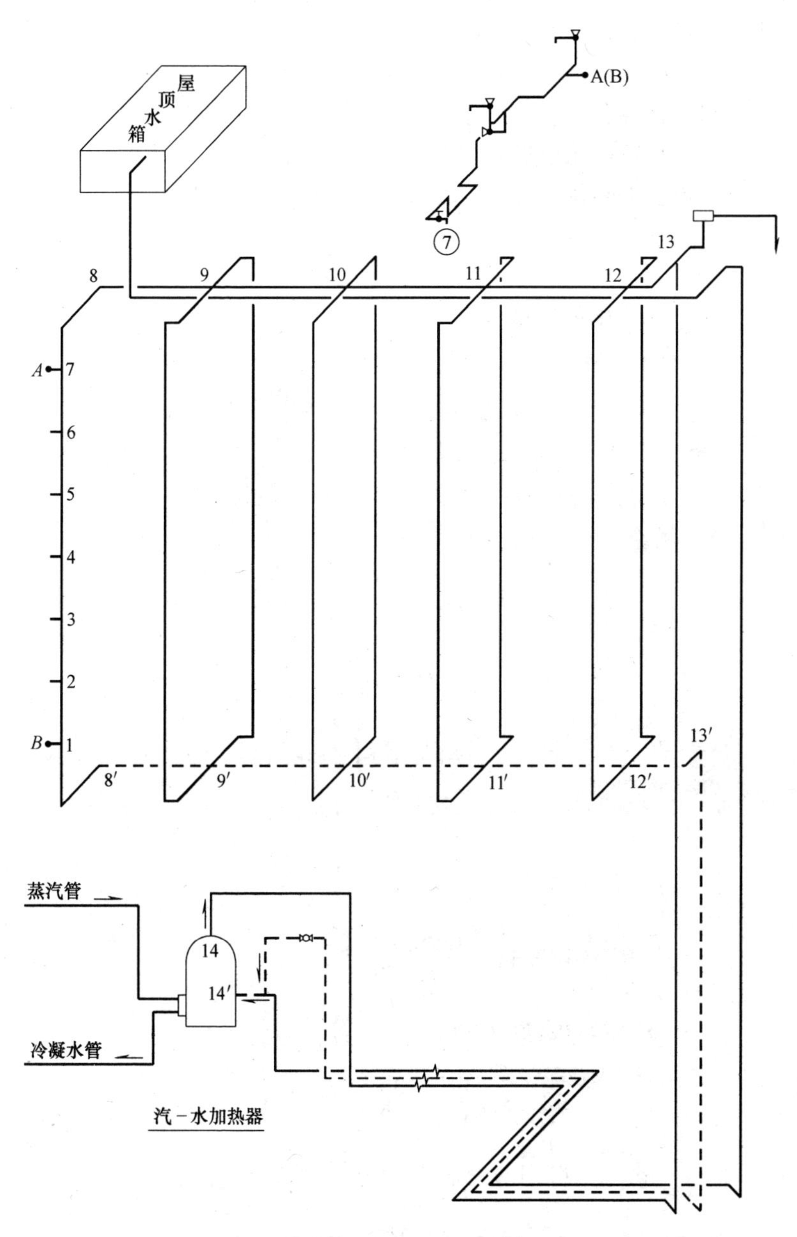
屋
顶
水
箱
A(B)
7
13
8
9
10
11
12
A
7
6
5
4
3
2
B
1
13′
8′
9′
10′
11′
12′
蒸汽管
14
14′
冷凝水管
汽－水加热器

图 8-1　管网系通图

所以设计符合使用要求。

（3）确定回水管管径，详见表 8-4。

（4）计算各管段终点水温。

（5）计算配水管网热损失

单位长度热损失 ΔW，由表 7-6 查取。

管段热损失：

$$W=l(1-\eta)\Delta W$$

（6）计算循环流量

1）管网总循环流量

$$q_n=\frac{\sum W}{C\rho_r(t_1-t_2)}=\frac{\sum W}{C\rho_r\Delta T}$$

$$q_{13-14}=\frac{6040.52}{4.187\times0.98324\times(70-60)}=\frac{6040.52}{4.187\times0.98324\times10}=146.73$$

2）各管段的循环流量

$$q_{n+1}=q_n\frac{\sum W_{n+1}}{\sum W_{n+1}+\sum W'_n}$$

$$q_{12-13}=146.73\times\frac{3224.31}{3224.31}=146.73$$

$$q_{11-12}=146.73\times\frac{2624.09}{2624.09+(146.45+427.20)}$$

$$=146.73\times\frac{2624.09}{3197.74}=120.41$$

$$q_{10-11}=120.41\times\frac{1895.22}{1895.22+(146.45+431.22)}$$

$$=120.41\times\frac{1895.22}{2472.89}=92.28$$

$$q_{9-10}=92.28\times\frac{1174.38}{1174.38+(146.45+423.19)}$$

$$=92.28\times\frac{1174.38}{1744.02}=62.14$$

$$q_{8-9}=62.14\times\frac{445.51}{445.51+(146.45+431.22)}$$

$$=62.14\times\frac{445.51}{1023.18}=27.06$$

$$q_{7-8}=27.06\times\frac{334.38}{334.38}=27.06$$

$q_{6\sim7}$、$q_{5\sim6}$、$q_{4\sim5}$、$q_{3\sim4}$、$q_{2\sim3}$、$q_{1\sim2}$等同 $q_{7\sim8}\rightarrow q=27.06\text{L/h}$

3）侧向管段循环流量

$$\begin{cases} q_{12'-12}\text{下行}=146.73\times\dfrac{427.20}{(427.20+2624.09)} \\ \qquad\qquad\qquad=146.73\times\dfrac{427.20}{3051.29}=20.54 \\ q_{12'-12}\text{上行}=20.54\times\dfrac{146.45}{146.45}=20.54 \end{cases}$$

$$\begin{cases} q_{11'-11}\text{下行}=120.41\times\dfrac{431.22}{(421.22+1895.22)} \\ \qquad\qquad\qquad=120.41\times\dfrac{431.22}{2326.44}=22.32 \\ q_{11'-11}\text{上行}=22.32\times\dfrac{146.45}{146.45}=22.32 \end{cases}$$

$$\begin{cases} q_{10'-10}\text{下行}=92.28\times\dfrac{423.19}{(423.19+1174.38)} \\ \qquad\qquad\qquad=92.28\times\dfrac{423.19}{1597.57}=24.44 \\ q_{10'-10}\text{上行}=24.44\times\dfrac{146.45}{146.45}=24.44 \end{cases}$$

$$\begin{cases} q_{9'-9}\text{下行}=62.14\times\dfrac{431.22}{(421.22+445.51)} \\ \qquad\qquad\qquad=62.14\times\dfrac{431.22}{876.73}=30.56 \\ q_{9'-9}\text{上行}=30.56\times\dfrac{146.45}{146.45}=30.56 \end{cases}$$

（7）复核各管段的终点水温

$$t'_{z}=t_{a}-\frac{W}{C\cdot q}$$

其中侧向管段终点水温：

$$\begin{cases}12'\sim12\text{下行}:t_z'=65.26-\dfrac{431.32}{4.187\times20.54}=65.26-\dfrac{431.22}{86.00}=60.25\\[2ex]12'\sim12\text{上行}:t_z'=60.25-\dfrac{146.45}{4.187\times20.54}=60.25-\dfrac{146.45}{86.00}=58.55\end{cases}$$

$$\begin{cases}11'\sim11\text{下行}:t_z'=65.00-\dfrac{431.22}{4.187\times22.32}=65.00-\dfrac{431.22}{93.45}=60.39\\[2ex]11'\sim11\text{上行}:t_z'=60.39-\dfrac{146.45}{4.187\times22.32}=60.39-\dfrac{146.45}{93.45}=58.82\end{cases}$$

$$\begin{cases}10'\sim10\text{下行}:t_z'=64.60-\dfrac{423.19}{4.187\times24.44}=64.60-\dfrac{423.19}{102.33}=60.46\\[2ex]10'\sim10\text{上行}:t_z'=60.46-\dfrac{146.45}{4.187\times24.44}=60.46-\dfrac{146.45}{102.33}=59.03\end{cases}$$

$$\begin{cases}9'\sim9\text{下行}:t_z'=64.00-\dfrac{431.22}{4.187\times30.56}=64.00-\dfrac{431.22}{127.95}=60.63\\[2ex]9'\sim9\text{上行}:t_z'=60.63-\dfrac{146.45}{4.187\times30.56}=60.63-\dfrac{146.45}{127.95}=59.49\end{cases}$$

各项计算结果一一填入表 8-3 中。

（8）计算循环水头损失

1）本例题因循环流量过小，R、V、h 均以式运算，详见表 8-4。

2）既往 R（即单位长度水头损失）依据循环流量、管径，由 1992 年版白皮《建筑给水排水设计手册》表 16.5-2“热水管水力计算”查取。现行 2008 年版白皮《建筑给水排水设计手册》第二版（下册）依据循环流量、管径：聚丙烯热水管见附表 C；氯化聚氯乙烯（PVC-C）管见附表 D；薄壁不锈钢管见附表 H；薄壁铜管见附表 J。

3）既往 h（即局部水头损失）如 7.1 节所述有三种求算方式：①需要精确计算时可按式 $h=\xi\dfrac{\gamma v^2}{2g}$求取；②亦可直接按 $\zeta=1$ 的局部损失乘局部阻力系数之和计算；③不需要精确计算时可按沿程水头损失的 25%～30%估算。

注：

① 按现行《建筑给水排水设计规范》GB 50015—2003（2009年版）5.5.4与3.6.11条要求，生活热水给水管道的局部水头损失按连接条件，占沿程水头损失的百分数取值：当管件的内径与管道的内径在接口处一致时，水流在接口处流线平滑无突变，其局部水头损失最小，采用三通分水时取25%～30%（采用分水器分水时取15%～20%）；当管件的内径大于或小于管道的内径时，水流在接口处的流线都产生突然放大和突然缩小的突变，其局部水头损失约为内径无突变的光滑连接的2倍。此时，前者采用三通分水时取50%～60%（采用分水器分水时取30%～35%），后者采用三通分水时取70%～80%（采用分水器分水时取35%～40%）。

② 在已知$\sum\xi$和流速值时，可由表8-1查出局部水头损失值。

热水管局部水头损失计算　　表8-1

流速 V (m/s)	$\sum\xi$									
	1	2	3	4	5	6	7	8	9	10
	水头损失 h (mmH_2O)									
0.02	0.02	0.04	0.06	0.08	0.10	0.12	0.14	0.16	0.18	0.20
0.04	0.08	0.16	0.24	0.32	0.40	0.48	0.56	0.64	0.72	0.80
0.06	0.18	0.36	0.54	0.72	0.90	1.08	1.26	1.44	1.62	1.80
0.08	0.32	0.64	0.96	1.28	1.60	1.91	2.23	2.55	2.87	3.19
0.10	0.50	1.00	1.50	1.99	2.49	2.99	3.49	3.99	4.49	4.89
0.12	0.72	1.44	2.15	2.87	3.60	4.31	5.03	5.75	6.46	7.18
0.14	0.98	1.95	2.93	3.91	4.89	5.86	6.84	7.82	8.79	9.77
0.16	1.28	2.55	3.83	5.11	6.38	7.66	8.93	10.20	11.50	12.80
0.18	1.62	3.23	4.85	6.45	8.08	9.66	11.30	12.90	14.50	16.20
0.20	2.00	4.00	5.98	7.98	9.97	12.00	14.00	16.00	18.00	20.00
0.22	2.42	4.84	7.25	9.68	12.10	14.50	16.90	19.40	21.80	24.20
0.24	2.87	5.74	8.61	11.50	14.40	17.20	20.10	23.00	25.80	28.70

续表

流速 V (m/s)	Σξ									
	1	2	3	4	5	6	7	8	9	10
	水头损失 h (mmH_2O)									
0.26	3.37	6.74	10.10	13.50	16.80	20.20	23.60	27.00	33.00	33.70
0.28	3.91	7.82	11.70	15.60	19.50	23.40	27.40	31.30	35.20	39.10
0.30	4.49	8.97	13.50	17.90	22.40	26.90	31.40	35.90	40.40	44.90
0.35	6.11	12.20	18.30	24.40	30.50	36.60	42.70	48.90	55.00	61.10
0.40	7.98	16.00	23.90	31.90	39.90	47.90	55.80	63.80	71.80	79.80
0.45	10.10	20.20	30.30	40.40	50.20	60.60	70.70	80.80	90.90	100.90
0.50	12.50	24.90	37.40	49.90	62.30	74.60	87.20	99.70	112.20	124.60
0.60	17.40	34.70	52.10	69.40	86.80	104.10	121.50	138.80	156.20	173.50
0.70	25.10	50.30	75.40	100.50	125.60	150.80	175.90	201.00	226.20	251.30
0.80	31.90	63.80	95.70	127.60	159.50	191.40	223.30	256.20	287.10	319.00
0.90	39.50	79.00	118.50	157.90	197.40	235.90	276.40	315.90	355.40	394.90
1.00	49.90	99.00	149.60	199.40	249.30	299.10	349.00	393.00	449.00	499.00
1.20	71.80	143.60	215.40	287.10	358.90	431.00	502.00	574.00	646.00	718.00
1.40	90.70	195.40	293.10	390.80	469.00	586.00	684.00	782.00	879.00	977.00
1.50	112.20	224.30	336.50	449.00	561.00	673.00	785.00	897.00	1009.0	1122.0
1.60	127.60	255.20	382.80	510.00	638.00	765.00	893.00	1021.0	1149.0	1276.0
1.70	144.10	288.10	432.00	576.00	720.00	864.00	1008.0	1153.0	1297.0	1441.0
1.80	162.00	323.00	485.00	646.00	808.00	969.00	1131.0	1292.0	1454.0	1620.0
1.90	180.00	359.00	540.00	720.00	900.00	1080.0	1260.0	1440.0	1620.0	1800.0
2.00	199.00	396.00	598.00	798.00	997.00	1195.0	1395.0	1595.0	1795.0	1994.0

4）计算得知：

配水管道的水头损失为 $h_p + h_j = 0.04071 +$

124.00≈124.04mmH_2O；

回水管道的水头损失为 $h_x=1.74751\approx1.75$mmH_2O；

$h_x/h_p=1.75/0.04=44$，说明本强制全日循环管网能正常工作（通常 3～4 倍即可正常工作）。

（9）确定循环附加流量

1）根据使用热水的计算单位数（人、床）、最高日热水用水定额、使用时间及小时变化系数计算设计小时热水量：

$$Q_{rh}=\sum K_h\frac{mq_r}{24}=5.61\times\frac{300\times200}{24}+9.65\times\frac{60\times100}{24}$$

$$=16437.5\text{L/h}$$

2）根据供应热水的卫生器具小时热水用水定额、卫生器具数和卫生器具的同时使用百分数计算设计小时热水量：

$$q_{rh}=\sum q_h n_0 b=300\times56\times0.7+170\times42\times0.7=16758\text{L/h}$$

循环附加流量取系统设计小时用水量（即最大时热水用量）的 15%，同时取用 A、B 两款较大值，于是 $q_f=16758\times0.15=2514$L/h。

（10）确定循环水泵的流量和扬程

$$Q_b=q_f+q_x=2514+\frac{6040.52}{4.187\times0.98324\times10}\approx2661\text{L/h}$$

$$H_b=\left(\frac{q_f+q_x}{q_x}\right)^2 h_p+h_x+h_j$$

$$=\left(\frac{2514+\dfrac{6040.52}{4.187\times0.98342\times10}}{\dfrac{6040.52}{4.187\times0.98342\times10}}\right)^2\times0.04071+1.74751+124$$

$$=\left(\frac{2514+146.707}{146.7007}\right)^2\times0.04071+1.74751+124$$

$$=328.94832\times0.04071+1.74751+124$$

$$=139.14\text{mmH}_2\text{O}$$

循环水泵的扬程计算值不足 1m（太小），难以选到合适的泵，同时考虑水泵长期磨损出力降低，故应予以放大，直至泵能选型。

配水管网水力计算 **表 8-2**

节点编号	管段编号	管段长度(m)	用具数量				当量总数	用水量(L/s)	管径(mm)	流速(m/s)	沿程水头损失		备注
			浴盆(N_g=1.0)	淋浴器(N_g=0.5)	洗脸盆(N_g=0.8)	洗涤盆(N_g=1.2)					单位损失(mmH_2O)	管段损失(mmH_2O)	
1													
2	1～2	3.0	1		1	1	3.0	0.87	40	0.75	40.60	121.80	最不利点:14 层⑦ ⑦流出水头:h_1=200mmH_2O ⑦～7:h_2=378 mmH_2O 7～14 沿程:h_3=2730mmH_2O 7～14 局部:h_4=2730×0.3=819mmH_2O 8～14 标高差:h_5=40850mmH_2O 14 汽-水加热器出口总水头: $H=h_1+h_2+h_3+h_4+h_5$=200+378+2730+819+40850=44977mmH_2O(即 45.00mH_2O)
3	2～3	3.0	2		2	2	6.0	1.22	40	1.05	79.79	239.37	
4	3～4	3.0	3		3	3	9.0	1.50	50	0.76	30.17	90.51	
5	4～5	3.0	4		4	4	12.0	1.73	50	0.88	40.15	120.45	
6	5～6	3.0	5		5	5	15.0	1.94	50	0.99	50.48	151.44	
7	6～7	3.0	6		6	6	18.0	2.12	50	1.08	60.29	180.87	
8	7～8	4.0	7		7	7	21.0	2.29	50	1.17	70.34	281.36	Σ=2730mmH_2O(8～14)
9	8～9	7.0	7		7	7	21.0	2.29	50	1.17	70.34	281.36	
10	9～10	7.0	14	14	28	7	51.8	3.60	80	0.76	17.03	119.21	
11	10～11	7.0	42	14	56	7	102.2	5.05	80	1.07	33.53	234.71	
12	11～12	7.0	42	42	84	7	138.6	5.89	80	1.25	45.60	319.20	
13	12～13	1.7	56	42	98	7	163.8	6.40	100	0.77	11.92	20.26	
14	13～14	106.0	56	42	98	7	163.8	6.40	100	0.77	11.92	1263.52	

注：1. 卫生器具当量（N_g）由表 4-1 查取。
2. 旅馆类用水量由下式计算：

$$q_g=0.2\alpha\sqrt{N_g}=0.2\times2.5\sqrt{N_g}=0.5\sqrt{N_g}。$$

3. 项目管材为钢管，水力计算按《建筑给水排水设计手册》1992 年版“16.5 热水管水力计算”进行。表中沿程水头损失之单位水头损失为 mmH_2O/m，管段损失计算时按四舍五入取值。
4. 局部水头损失按沿程水头损失的 30%求取。

配水管网热损失、循环流量及节点水温计算 表 8-3

节点编号	管段编号	管段长度 L (m)	管径 DN (m)	保温系数 η	温降因素 M		节点水温 t_z (℃)	管段平均水温 t_m (℃)	气温 t_k (℃)	温差 $\Delta t'$ (℃)	热损失 (kJ/h)				循环流量 q (L/h)	节点水温 t'_z (℃)
					正向	侧向					每米 ΔW	正向 W	侧向 W'	累计 ΣW		
1							60.0									60.0
2	1～2	3.0	40	0.7	22.500		60.4	60.2	30	30.2	44.64	40.18		40.18	27.06	60.4
3	2～3	3.0	40	0.7	22.500		60.8	60.6	30	30.6	44.64	40.18		80.36	27.06	60.8
4	3～4	3.0	50	0.7	18.000		61.1	61.0	30	31.0	52.92	47.63		127.99	27.06	61.2
5	4～5	3.0	50	0.7	18.000		61.4	61.3	30	31.3	52.92	47.63		175.62	27.06	61.6
6	5～6	3.0	50	0.7	18.000		61.7	61.6	30	31.6	52.92	47.63		223.25	27.06	62.0
7	6～7	3.0	50	0.7	18.000		62.0	61.9	30	31.9	52.92	47.63		270.88	27.06	62.4
8	7～8	4.0	50	0.7	24.000		62.4	62.2	30	32.2	52.92	63.50		334.38	27.06	63.0
9	8～9	7.0	50	0.7	42.000		63.1	62.8	30	32.8	52.92	111.13		445.51	27.06	64.0
9′	9′～9	12.0	32	0.7		112.500	60.0	59.5	30	29.5	40.68		146.45		30.56	59.5
		32.2	40	0.7		241.500	59.0	61.0	30	31.0	44.64		431.22		30.56	60.6
10	9～10	7.0	80	0.7	26.250		63.6	63.4	30	33.4	72.00	151.20		1174.38	62.14	64.6
10′	10′～10	12.0	32	0.7		112.500	60.0	59.7	30	29.7	40.68		146.45		24.44	59.0
		31.6	40	0.7		237.000	59.5	61.5	30	31.5	44.64		423.19		24.44	60.5

续表

节点编号	管段编号	管段长度 L (m)	管径 DN (m)	保温系数 η	温降因素 M		节点水温 t_z (℃)	管段平均水温 t_m (℃)	气温 t_k (℃)	温差 $\Delta t'$ (℃)	热损失 (kJ/h)				循环流量 q (L/h)	节点水温 t_z' (℃)
					正向	侧向					每米 ΔW	正向 W	侧向 W'	累计 $\sum W$		
11	10～11	7.0	80	0.7	26.250		64.0	63.8	30	33.8	72.00	151.20		1895.22	92.28	65.0
11′	11′～11	12.0	32	0.7		112.500	60.0	60.0	30	30.0	40.68		146.45		22.32	58.8
		32.2	40	0.7		241.500	59.9	62.0	30	32.0	44.64		431.22		22.32	60.4
12	11～12	7.0	80	0.7	26.250		64.4	64.2	30	34.2	72.00	151.20		2624.09	120.41	65.3
12′	12′～12	12.0	32	0.7		112.500	60.0	60.2	30	30.2	40.68		146.45		20.54	58.6
		31.9	40	0.7		239.250	60.3	62.4	30	32.4	44.64		427.20		20.54	60.3
13	12～13	1.0	100	0.7	3.000		64.5	64.5	30	34.5	88.56	26.57		3224.31	146.73	65.3
14	13～14	106.0	100	0.7	318.000		70.0	67.3	30	37.3	88.56	2816.21		6040.52	146.73	70.0
	合计				582.750							6040.52			146.73	

注：1. 管段温降因素 $M=\frac{l\ (1-\eta)}{D}$；

2. 管段终点（节点）水温 $t_z=t_a-\Delta t=t_a-M\frac{\Delta T}{\sum M}$。

3. 管段平均水温 $t_m=\frac{t_a+t_z}{2}$。

4. 气温 30℃。

5. 温差 $\Delta t'=t_m-t_k$。

循环水头损失计算　　　　表 8-4

管路部分	管段编号	管段长度 L (m)	管道直径 DN (mm)	循环流量 q (L/h)	沿程水头损失 (mmH_2O)		流速 V (m/s)	局部水头损失 (mmH_2O)		水头损失总和 (mmH_2O)
					每米 R	管段 RL		阻力系数 $\sum\xi$	水头损失 h	
配水管网	1～2	3.0	40	27.06	0.00004	0.00012	0.006	1.5	0.00271	0.04071
	2～3	3.0	40	27.06	0.00004	0.00012	0.006	1.5	0.00271	
	3～4	3.0	50	27.06	0.00002	0.00006	0.004	1.5	0.00120	
	4～5	3.0	50	27.06	0.00002	0.00006	0.004	1.5	0.00120	
	5～6	3.0	50	27.06	0.00002	0.00006	0.004	1.5	0.00120	
	6～7	3.0	50	27.06	0.00002	0.00006	0.004	1.5	0.00120	
	7～8	4.0	50	27.06	0.00002	0.00008	0.004	1.2	0.00096	
	8～9	7.0	50	27.06	0.00002	0.00014	0.004	3.6	0.00289	
	9～10	7.0	80	62.14	0.00001	0.00007	0.004	3.0	0.00241	
	10～11	7.0	80	92.28	0.00002	0.00014	0.005	3.0	0.00376	
	11～12	7.0	80	120.41	0.00004	0.00028	0.007	3.0	0.00737	
	12～13	1.0	100	146.73	0.00002	0.00002	0.005	2.1	0.00263	
	13～14	106.0	100	146.73	0.00002	0.00212	0.005	5.7	0.00714	
	合计				$\sum RL$=0.00333			$\sum h$=0.03738		
回水管网	1～8′	4.4	20	27.06	0.00060	0.00264	0.027	2.1	0.07672	1.74751
	8′～9′	7.0	20	27.06	0.00060	0.00420	0.027	0.6	0.02192	
	9′～10′	7.0	25	62.14	0.00100	0.00700	0.037	3.0	0.20582	
	10′～11′	7.0	25	92.28	0.00194	0.01358	0.054	3.0	0.43840	
	11′～12′	7.0	25	120.41	0.00313	0.02191	0.071	3.0	0.75788	
	12′～13′	2.3	50	146.73	0.00028	0.00064	0.021	3.5	0.07735	
	13′～14′	103.0	50	146.73	0.00028	0.02884	0.021	4.1	0.09061	
	合　计				$\sum RL$=0.07881			$\sum h$=1.66870		
汽-水加热器水头损失：										124.00
水头损失总计：										$\sum$=125.78822

注：1. 管段编号、管段长度、管道直径及循环流量，分别摘自表 8-3 第 2、3、4 及 16 列；

2. 由于循环流量小，单位长度水头损失和局部水头损失难以从相关表格查取，故按下列顺序求算各值：流速 V→每米 R→管段 RL→水头损失 h。

（1）$V=q\div1000\div3600/0.785d_j^2$，计算结果得知流速值均<0.44，于是采用下式求算 R。

式中 V——流速（m/s）；q——循环流量（L/h）；d_J——管道计算内径（m）。

（2）$R=0.000897\frac{v^2}{d_j^{0.3}}\left(1+\frac{0.3187}{v}\right)^{0.3}\times1000$ 或 $R=0.897\frac{v^2}{d_j^{0.3}}\left(1+\frac{0.3187}{v}\right)^{0.3}$

式中 R——单位长度水头损失，mmH_2O/m；d_J——管道计算内径，mm。

R 计算式1992年版白皮《建筑给水排水设计手册》（16.5-5）应×1000，当热水密度 $\gamma=983.24kg/m^3$ 时 R 值求算应以后式为准。

（3）$h=\xi\frac{\gamma v^2}{2g}$

式中 h——局部水头损失，mmH_2O；

ξ——局部阻力系数；

γ——60℃的热水密度，$\gamma=983.24kg/m^3$；

g——重力加速度，为 $9.81m/s^2$。

第三部分　雨淋系统设计要点及工程设计计算

雨淋系统又称开式自动喷水灭火系统，包括水幕系统。通常用于燃烧猛烈，蔓延迅速的某些严重危险建筑物或场所。该类火灾往往由于扑救不及时而引发爆炸，故要求在火灾开始发生时，就有可能向尚未着火的其他易燃易爆物大量淋水，以阻止火灾蔓延，雨淋系统就是这样一种能在受控的全部面积内同时淋水的固定灭火装置。设计时应切记以下几点：

(1) 按《建筑设计防火规范》GB 50016—2006 第 8.5.3 条规定，下列场所应设置雨淋喷水灭火系统：

1) 火柴厂的氯酸钾压碾厂房；建筑面积大于 100m^2 生产、使用硝化棉、喷漆棉、火胶棉、赛璐珞胶片、硝化纤维的厂房。

2) 建筑面积超过 60m^2 或储存量超过 2t 的硝化棉、喷漆棉、火胶棉、赛璐珞胶片、硝化纤维的仓库。

3) 日装瓶数量超过 3000 瓶的液化石油气储配站的灌瓶间、实瓶间。

4) 特等、甲等或超过 1500 个座位的其他等级的剧院和超过 2000 个座位的会堂或礼堂的舞台的葡萄架下部。

5) 建筑面积大于等于 400m^2 的演播室，建筑面积大于等于 500m^2 的电影摄影棚。

6) 乒乓球厂的轧坯、切片、磨球、分球检验部位。

(2) 按《民用爆破器材工程设计安全规范》GB 50089—2007 第 9.0.10 条的规定，生产过程中下列工序应设置消防雨淋系统：

1) 粉状铵梯炸药、铵油炸药生产的混药、筛药、凉药、装药、包装、梯恩梯粉碎。

2) 粉状乳化炸药生产的制粉出料、装药、包装。

3）膨化硝铵炸药生产的混药、凉药、装药、包装。

4）黑梯药柱生产的熔药、装药。

5）导火索生产的黑火药三成分混药、干燥、凉药、筛选、准备及制索。

6）导爆索生产的黑索金或太安的筛选、混合、干燥。

7）震源药柱生产的炸药熔混药、装药。

第9章 设计要点

1. 给水排水设计手册有关开式喷头的选用与出流量计算

（1）喷头选用

自原建筑工程部图书编辑部于1968年首次出版发行《给水排水设计手册》，中国建筑工业出版社于1973年第二次出版发行《给水排水设计手册》以来，我国只有通水口径为12.7mm的易熔金属元件闭式喷头以及由此而衍生的12.7mm的开式喷头。

自中国建筑工业出版社于1986年第三次出版发行俗称紫皮《给水排水设计手册》，中国建筑工业出版社于1992年出版发行俗称白皮《建筑给水排水设计手册》以后，我国相继生产有易熔金属元件和玻璃球的闭式喷头以及由此而衍生的开式喷头，此时规格有12.7mm、10mm两种。

自中国建筑工业出版社于2001年出版发行的《给水排水设计手册》第二版和2008年出版发行白皮《建筑给水排水设计手册》第二版至今，玻璃球闭式喷头取得长足发展，多个厂家生产。开式喷头也逐渐采用无火灾感应装置（即热敏元件或闭锁装置）的闭式喷头。长期以来开式喷头大多采用ZST型玻璃球喷头去掉玻璃球后的闭式喷头，依据《自动喷水与水喷雾灭火设施安装》主要有以下两种规格的喷头：

1）公称直径$DN15$（通水口径11mm）；

2）公称直径$DN20$（通水口径15mm）。

（2）喷头出流量

1）1973年《给水排水设计手册》

通水口径12.7mm：

$$q=\sqrt{BH} \tag{9-1}$$

式中　q——喷头出流量，L/s；

H——喷头处压力，mH_2O；

B——喷头特性系数，由下式推出：

$$\sqrt{B}=\mu\frac{\pi}{4}d^2\sqrt{2g}\times\frac{1}{1000}[\mathrm{L/(s\cdot m^{\frac{1}{2}})}]$$

式中　μ——流量系数；

d——通水口径，mm；

g——重力加速度，9.81m/s^2。

注：(d) 12.7mm；(μ) 0.766；(B) 0.184 [L^2/ ($s^2\cdot m$)]；($\sqrt{B}$) 0.429 [L/ ($s\cdot m^{\frac{1}{2}}$)]。

2) 1986年紫皮、2001年、2012年三版《给水排水设计手册》；1992年白皮《建筑给水排水设计手册》及2008年白皮《建筑给水排水设计手册》第二版

通水口径12.7mm：

喷头出流量计算式，由1973年$q=\sqrt{BH}$式推出：

$$Q=\sqrt{BH}=\sqrt{B}\cdot\sqrt{H}=\mu\frac{\pi}{4}d^2\sqrt{2g}\cdot\sqrt{H}=\mu F\sqrt{2gH} \tag{9-2}$$

只是式中流量系数μ采用0.7，详见以下计算式（9-2）：

$$\begin{aligned}Q&=uF\sqrt{2gH}\times1000=0.7\times(0.785\times0.0127^2)\\&\quad\sqrt{2\times9.81H}\times1000=0.7\times0.000126612\\&\quad\times4.429446918\sqrt{H}\times1000\\&=0.392574793\sqrt{H}\\&=0.392\sqrt{H}\ (\mathrm{L/s})\qquad 10\mathrm{m}\rightarrow1.24\mathrm{L/s}\end{aligned}$$

通水口径10mm：

$$\begin{aligned}Q&=\mu F\sqrt{2gH}\times1000=0.7\times(0.785\times0.01^2)\sqrt{2\times9.81H}\\&\quad\times1000=0.7\times0.0000785\times4.429446918\sqrt{H}\times1000\\&=0.243398108\sqrt{H}\\&=0.243\sqrt{H}\ (\mathrm{L/s})\end{aligned}$$

式中　Q——喷头出流量，m^3/s；

μ——喷头流量系数，采用 0.7；

F——喷口截面积，m^2；

g——重力加速度，9.81m/s^2；

H——喷口处水压，mH_2O。

当采用闭式喷头去掉闭锁装置后作为开式喷头使用时，其喷头出流量应按以下闭式喷头出流量公式计算：

$$q=K\sqrt{P} \tag{9-3}$$

式中 q——喷头出水量，L/s；

P——喷头处水压，kg/cm^2；

K——喷头特性系数，$K=1.33$。

当喷头特性系数 $K=80$ 时，喷头出水量为（L/min）。

2. 现行《自动喷水灭火系统设计规范》GB 50084—2001（2005 年版）及《自动喷水与水喷雾灭火设施安装》04S206 有关开式喷头的选用与出流量计算

（1）喷头选用

ZSTK 系列开式喷头：公称直径 DN15（通水口径 11mm）→$K=80$

公称直径 DN20（通水口径 15mm）→$K=115$

（2）喷头出流量

1）按规范公式求算

① 按 1992 年白皮《建筑给水排水设计手册》2.3-2 式 $q=K\sqrt{P}$（“q” L/s，“P” kg/cm^2，“K” 1.33）导出规范公式：

$$P\text{以千帕计}\rightarrow q=K\sqrt{\frac{P}{9.8\times10^4}\times10^3}=K\sqrt{\frac{P}{98}}(\text{L/s}) \tag{9-4}$$

$$P\text{以兆帕计}\rightarrow q=K\sqrt{\frac{P}{9.8\times10^4}\times10^6}=K\sqrt{10P}(\text{L/s}) \tag{9-5}$$

② ZSTK-15（通水口径 11mm）：

$$q=K\sqrt{10P}/60=80\times3.16227766\sqrt{P}/60$$

$=4.216370213\sqrt{P}$

$=4.216\sqrt{P}$ (L/s) 0.1MPa→1.33L/s

③ ZSTK-20（通水口径 15mm）：

$q=K\sqrt{10P}/60=115\times3.16227766\sqrt{P}/60$

$=6.061032182\sqrt{P}$

$=6.061\sqrt{P}$ (L/s) 0.1MPa→1.92L/s

式中 q——喷头出水量，L/s；

P——喷头处水压，MPa；

K——喷头流量特性系数，通水口径为 11mm 时 $K=80$，通水口径为 15mm 时 $K=115$。

2）按水力学管嘴出流基本公式求取计算式

① 水力学管嘴出流基本公式

$$Q=\mu\omega\sqrt{2gH}=\mu F\sqrt{2gH} \tag{9-6}$$

② ZSTK-15（通水口径 11mm）：

$Q=\mu F\sqrt{2gH}\times1000=0.8\times(0.785\times0.011^2)$

$\sqrt{2\times9.81H}\times1000=0.8\times0.000094985$

$\times4.429446918\sqrt{H}\times1000$

$=0.336584812\sqrt{H}$

$=0.336\sqrt{H}$ (L/s) 10m→1.06L/s

③ ZSTK-20（通水口径 15mm）：

$Q=\mu F\sqrt{2gH}\times1000=1.15\times(0.785\times0.015^2)$

$\sqrt{2\times9.81H}\times1000=1.15\times0.000176625$

$\times4.429446918\sqrt{H}\times1000$

$=0.899703721\sqrt{H}$

$=0.899\sqrt{H}$ (L/s) 10m→2.85L/s

式中 Q——喷头出流量，L/s；

μ——喷头流量系数，当喷头处水压以 mH_2O 计时，由于 $1MP=10kg/cm^2=100mH_2O$，故通水口径为 11mm→$K=80/100=0.8$，通水口径为 15mm 时 $K=115/100=1.15$；

F——喷口截面积，m^2；

g——重力加速度，$9.81m/s^2$；

H——喷口处水压，mH_2O。

3. 结论

以上计算显示，当公称直径为 $DN15$ 时：通水口径 12.7mm，$H=10m$ 时喷头出流量为 1.24L/s；ZSTK-15（通水口径 11mm），$H=10m$ 时喷头出流量为 1.06L/s；ZSTK-15（通水口径 11mm），$P=0.1MPa$ 时喷头出流量为 1.33L/s。当公称直径为 $DN20$ 时：ZSTK-20（通水口径 15mm），$P=0.1MPa$ 时喷头出流量为 1.92L/s。故喷头选型不可小视，要做到既符合规范又切合实际。

综上所述可知：其设计要点一要谨慎选择喷头，二要按规范要求求取喷头出流量。

开式喷头选用首先应了解我国在各个阶段发展和应用情况，据前后几版手册表述可知：1973 年仅采用通水口径 12.7mm 开式喷头；1986 年紫皮《给水排水设计手册》和 1992 年俗称白皮《建筑给水排水设计手册》采用通水口径 12.7mm、10mm 两种规格开式喷头；2008 年白皮《建筑给水排水设计手册》第二版除通水口径 12.7mm、10mm 两款外，主要推荐无火灾感应装置的下列两款喷头：ZSTK-15（通水口径 11mm）和 ZSTK-20（通水口径 15mm）。其次，要按规范要求正确无误选择相应规格的喷头。

喷头出流量不仅与规范有关，而且涉及水源规模以及调蓄加压等设施，一定要按公式经计算确定。从表 9-1 可知，$q=\sqrt{BH}$ 和 $Q=\mu F\sqrt{2gH}$ 两个计算式先后各历时 30 余年。2001 年起，为了与国际接轨，《自动喷水灭火系统设计规范》GB 50084—2001（2005 年版）要求应按 $q=K\sqrt{10P}$ 计算喷头出流量。设计计算时应按规范式或通用式求算喷头出流量，并密切注意单位换算和喷头流量系数、喷头流量特性系数的选用。

喷头出流量计算式 **表 9-1**

<table>
<tr><th rowspan="2">序号</th><th rowspan="2" colspan="4">年　代</th><th rowspan="2">公式</th><th colspan="7">单　位</th></tr>
<tr><th>$q(Q)$</th><th>B</th><th>μ</th><th>K</th><th>F</th><th>g</th><th>$H(p)$</th></tr>
<tr><td>1</td><td colspan="2">20 世纪 50～70 年代</td><td colspan="2">12.7mm</td><td>$q=\sqrt{BH}$</td><td>L/s</td><td>0.184</td><td></td><td></td><td></td><td></td><td>mH_2O</td></tr>
<tr><td>2</td><td>20 世纪 80 年代～至今</td><td>手册</td><td colspan="2">12.7/10mm</td><td>$Q=\mu F\sqrt{2gH}$</td><td>m^3/s</td><td></td><td>0.7</td><td></td><td>m^2</td><td>m/s^2</td><td>mH_2O</td></tr>
<tr><td>3</td><td rowspan="4">2001～至今</td><td rowspan="4">规范</td><td rowspan="2">要求</td><td>11mm</td><td>$q=K\sqrt{10P}$</td><td>L/min</td><td></td><td></td><td>80</td><td></td><td></td><td>MPa</td></tr>
<tr><td>4</td><td>15mm</td><td>$q=K\sqrt{10P}$</td><td>L/min</td><td></td><td></td><td>115</td><td></td><td></td><td>MPa</td></tr>
<tr><td>5</td><td rowspan="2">通用</td><td>11mm</td><td>$Q=\mu F\sqrt{2gH}$</td><td>m^3/s</td><td></td><td>0.8</td><td></td><td>m^2</td><td>m/s^2</td><td>mH_2O</td></tr>
<tr><td>6</td><td>15mm</td><td>$Q=\mu F\sqrt{2gH}$</td><td>m^3/s</td><td></td><td>1.15</td><td></td><td>m^2</td><td>m/s^2</td><td>mH_2O</td></tr>
</table>

第 10 章　雨　淋　阀

雨淋阀是雨淋报警阀的简称，亦可称成组作用阀门。

雨淋阀是开式自动喷水灭火系统中的核心组件（即关键设备）。既能用于雨淋系统，亦可用于水喷雾和预作用灭火系统。

雨淋阀分类：按结构方式分为杠杆式、活塞式、隔膜式；按灭火介质（水）运动轨迹分为截止阀式、直通式（立式）、角阀式。

其设计要点应该是：一要明晰产品类型，乃至在火灾探测传动控制系统中的作用原理；二要熟练掌握雨淋阀水头损失计算方法。

10.1　雨淋阀类型及其作用原理

10.1.1　既往沿用的两款雨淋阀

1. 减压双圆盘雨淋阀

减压双圆盘雨淋阀结构形式为活塞式，是我国第一个五年计划期间（即 20 世纪 50 年代），由苏联引进的产品，在祖国经济复苏和社会主义建设中起了一定作用。但是，经过二十多年的使用实践，该阀门显然存在以下几个弱点：不能靠水力自动复位，人工复位手续繁琐，劳动量大；随着供水管水压的骤降骤升，往往易发生误动作，引起误喷水而造成比较严重的水渍损失；运转故障较多。

该阀有 d=65mm、d=100mm、d=150mm 三种规格。构造如图10-1所示。

2. 减压隔膜式雨淋阀

减压隔膜式雨淋阀结构形式为截止阀形，是继双圆盘雨淋阀后由兵工系统研制开发的改进型雨淋阀，在国内雨淋系统已被普遍使用。由于有了橡胶隔膜，灭火后可依靠自身的水压自动复位，也使误动作减少；单盘密封后运转故障降低。

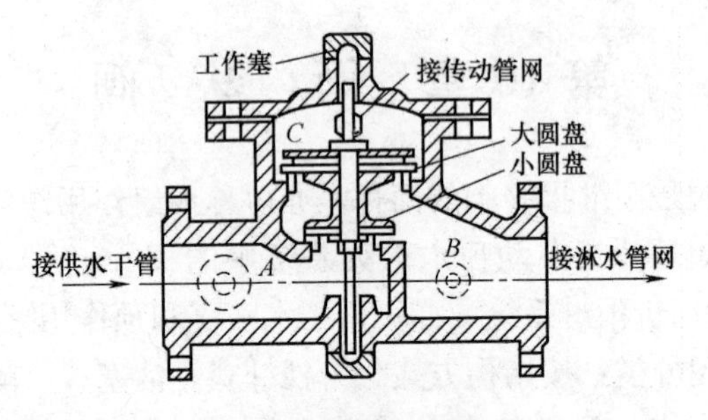

图 10-1　双圆盘雨淋阀

该阀亦有 $d=65$mm、$d=100$mm、$d=150$mm 三种规格。构造如图 10-2 和图 10-3 所示。

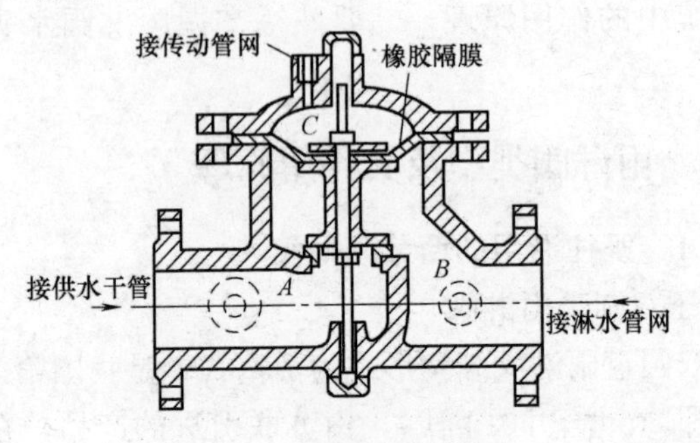

图 10-2　隔膜式雨淋阀

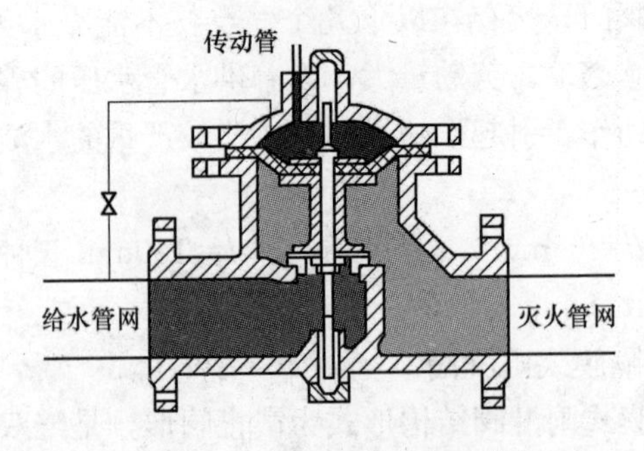

图 10-3　（涂色）隔膜式雨淋阀

减压双圆盘雨淋阀与隔膜式雨淋阀构造基本相同，只是大圆盘和橡胶隔膜不同而已。两种阀均分为 A、B、C 三室，A 室通供水干管，B 室通淋水管网，C 室通传动管网。阀门在准备工作状态（未失火）时，A、B、C 三室中都充满了水，其中 A、C 两室内充满的水具有相同的压力（因为 C 室系通过一个 $d=3\text{mm}$ 的小孔阀与供水干管相通），而在 B 室内仅充满具有静压力（位能）的水，这部分静压力是由淋水管网的水平管道与成组作用阀门之间的高差造成的。

雨淋阀大圆盘（或橡胶隔膜）的面积一般为小圆盘面积的两倍以上。因此在相同水压的作用下，成组作用阀处于关闭状态。

这两款雨淋阀的工作原理完全一致，即火灾时，室内温度上升到一定值时：①带易熔锁封的钢丝绳传动控制系统：易熔锁封被熔化，钢丝绳系统断开，传动阀门开启放水，传动管网内水压骤降；②带闭式喷头的传动控制系统：闭式喷头的闭锁装置自行脱落，放水，传动管网中的水压降低；③感光、感烟、感温火灾探测器电动控制系统：探测器接到火灾信号后，通过继电器打开传动管网上的电磁阀，使传动管网泄压；④手动旋塞传动控制系统：自动传动尚未动作，当有人先发现火灾时，人工打开旋塞阀，使传动管网放水泄压等。C 室内压力骤降，大圆盘（或橡胶隔膜）向左移动，从而自动开启成组作用阀，所有开式喷头同时向被保护的整个面积上自动喷水灭火。

10.1.2　近年常用的雨淋报警阀及报警阀组

1984 年上海消防器材总厂从澳大利亚引进、生产 ZSY 系列自动喷水雨淋装置。1990 年《全国通用给水排水标准图集》列出 ZSY 系列自动喷水雨淋装置。1992 年出版发行俗称白皮《建筑给水排水设计手册》推荐 ZSFY 型雨淋阀，仅 1 个品牌 3 种规格—ZSFY100、ZSFY150、ZSFY200。2004 年《自动喷水与水喷雾灭火设施安装》04S206 推出 ZSFM 系列隔膜式雨淋报警阀组和 ZSFY 系列雨淋报警阀组 2 个品牌 7 种规格。2008 年出版发行白皮《建筑给水排水设计手册》第二版推荐 ZSFG 型雨淋阀（A 型雨淋阀类同）1 个品牌 2 种规格。从网络得知，至今雨淋报警阀已增至角式隔膜雨淋阀、推杆式雨淋阀、直通式隔膜雨淋阀及 DY609X、SYL01……水控式雨淋报警阀共 4 个品牌，与此同时研发生产厂家也不断增多。

1. ZSFM 角式隔膜雨淋报警阀

其隔膜主阀水运动轨迹为角阀式，该系列属国标图集指定产品，共有四种型号，依次为 ZSFM50、ZSFM100、ZSFM150、ZSFM200。本节仅从网络下载两款三个厂家的产品及其隔膜主阀以供参考，分别为南消 ZSFM 角式隔膜雨淋报警阀组（南京斯夫特同）和成都兴安通 ZSFM 角式隔膜雨淋报警阀组如图 10-4 和图 10-5 所示。

为了加深对此类雨淋报警阀灭火机理的理解，特列出角式隔膜雨淋报警阀组全图（见图 10-6）、ZSFM 角式隔膜雨淋阀构造图（见图 10-7）、ZSFM 角式隔膜雨淋阀准备工作状态图（见图 10-8）、ZSFM 角式隔膜雨淋阀工作状态图（见图 10-9）等。

图 10-4　南消 ZSFM 角式隔膜雨淋报警阀组（南京斯夫特）

图 10-5　成都兴安通 ZSFM 角式隔膜雨淋报警阀组

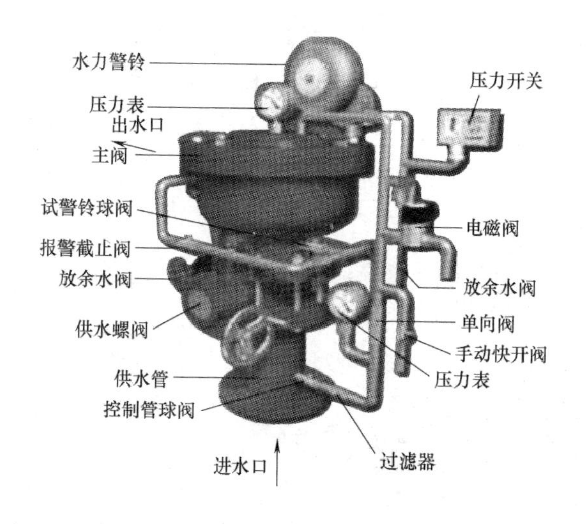

图 10-6　角式隔膜雨淋报警阀组全图

ZSFM 角式隔膜雨淋阀的工作原理：利用隔膜上下运动实现阀瓣的启闭。由隔膜将阀分为压力腔（隔膜腔）、工作腔和供水腔（控制腔），由供水管而来的压力水流作用于隔膜下部阀瓣。同时，也从控制管路经单向阀进入压力腔而作用于隔膜的上部，由于上、下受水作用面积的差异，保证了隔膜雨淋阀具有良好的密封性。

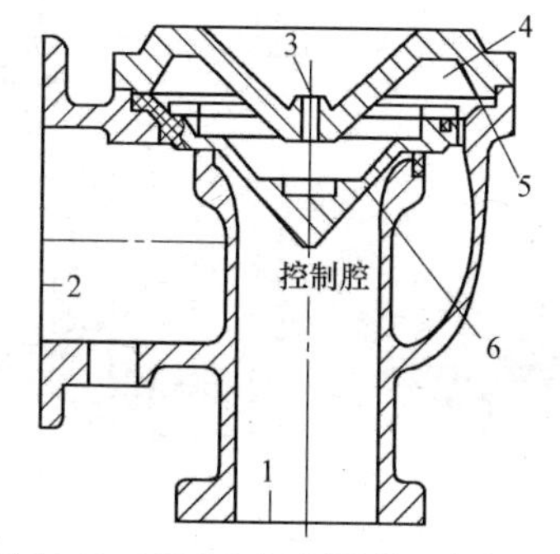

图 10-7　ZSFM 角式隔膜雨淋阀构造
1—进水口；2—出水口；3—隔膜腔进口；4—隔膜腔；5—隔膜；6—阀瓣

当保护区发生火灾时，火灾探测器发出火警信号，通过火灾报警控制器（或消防控制中心），实现自动打开隔膜雨淋阀上的电磁阀（也可手动打开快开阀），使压力腔的水快速排出。由于压力腔泄压，从而供水腔作用于阀瓣下部的水迅速推起阀瓣，开启雨淋阀，水流即进入工作腔，流向整个管网喷水灭火。同时，一部分压力水流向报警管网，使水力警铃发出铃声报警、压力开关动作，给值班室发出信号指示并启动消防泵供水，或直接启动消防泵供水。

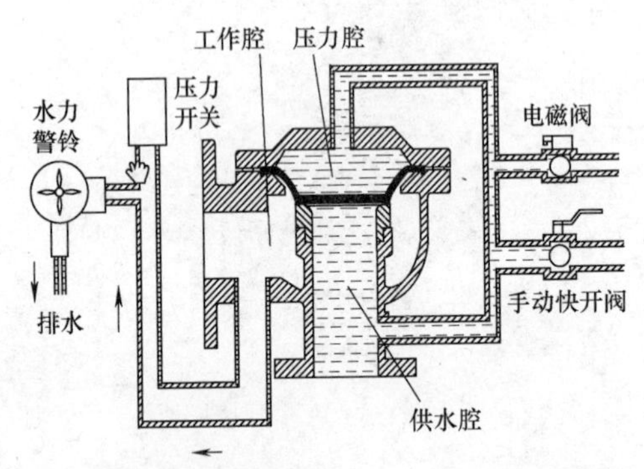

图 10-8　ZSFM 角式隔膜雨淋阀准备工作状态

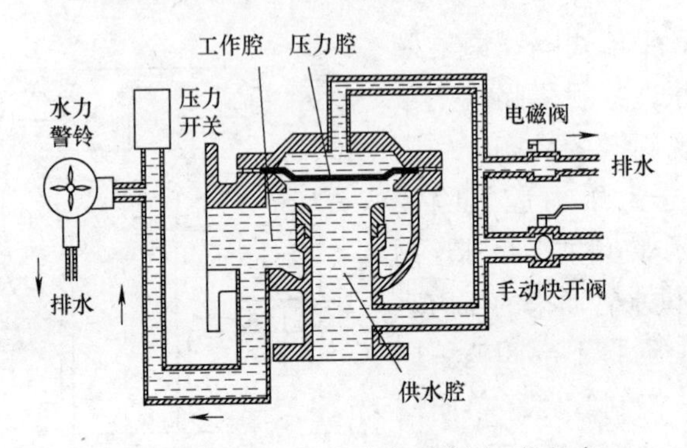

图 10-9　ZSFM 角式隔膜雨淋阀工作状态

此时由于隔膜雨淋阀控制管路上的电磁阀具有自锁功能（即防复位装置），阀盖上装有防复位本体、锁块等，锁芯连接在与阀体相连的阀瓣上，阀瓣随着阀开启上升，上升中推动锁头，升至锁头上部而被锁止住，防止了阀瓣回位。灭火后，关闭手动快开阀或电磁阀，将手轮旋转 90°到复位位置，则锁芯脱离锁块使隔膜雨淋阀又能自动复位，雨淋阀随即关闭，然后再将手轮逆时针旋转 90°到锁止位置，使系统又回到准备工作状态。

2. ZSFG 推杆式雨淋阀

ZSFG 推杆式雨淋阀结构形式为杠杆式，系现行给水排水设计手册推荐产品，有 $DN100$、$DN150$ 两种型号。该类阀门启动后，可通过外部复位器进行复位，详见图 10-10。

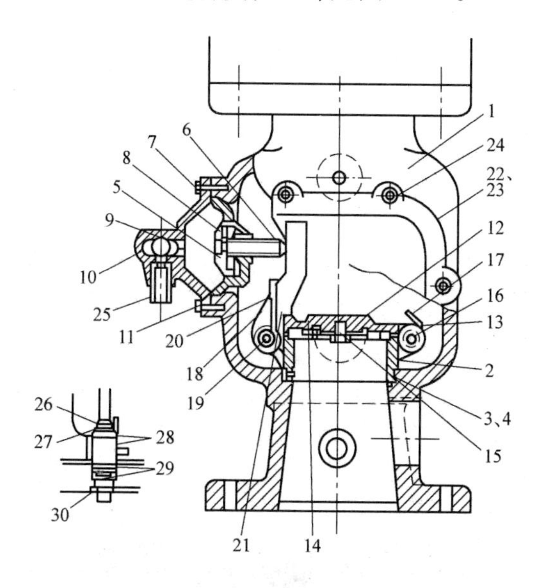

图 10-10　北京威盾 ZSFG 推杆式雨淋阀构造
（英国喷宝自动洒水头有限公司 A 型雨淋阀类同）
1—阀体；2—阀座；3—O 型密封圈；4—润滑脂；5—活塞；6—顶杆；
7—支架；8—隔膜；9—过滤网；10—隔膜室盖；11—隔膜室盖螺栓；
12—阀瓣；13—阀瓣密封垫；14—固定板；15—螺栓；16—销轴；
17—阀瓣弹簧；18—转臂；19—转臂销；20—转臂弹簧；21—螺栓；
22—垫片；23—阀盖；24—阀盖螺栓；25—节流器；26—复位器；
27—螺栓；28—复位组件；29—O 型圈；30—挡圈

阀门在准备工作状态（未失火）时：隔膜室内压力与供水压力相等，此时由作用在活塞（柱塞）上的力，经顶杆（鼻销）推着转臂（阀瓣锁定杆）将阀瓣锁在关闭的位置上。

ZSFG 推杆式雨淋阀工作原理为火灾时，当室内温度上升到一定值时：①带闭式喷头的传动控制系统：闭式喷头的闭锁装置自行脱落，放水，传动管网内水的压力迅速下降，而隔膜室内的压力因供水进口处节流器（限流器）* 不能补充足量的水来维持原来的压力，最后使得隔膜室压力比阀瓣下的供水压力低得多，因而不再能锁住阀瓣，从而自动开启雨淋阀，所有开式喷头同时向被保护的整个面积上自动喷水灭火；②感光、感烟、感温火灾探测器电动控制系统：电控制柜（控制盘）接收来自火灾探测器发出的火灾信号，经过处理向接在雨淋阀隔膜室出口管路上的电磁阀发出启动信号，电磁阀打开，隔膜室泄压，同上雨淋阀自动开启，所有开式喷头同时向被保护的整个面积上自动喷水灭火。

*节流器来水：是由供水压力表下方的四通处进水，经隔膜室供水球阀、过滤器、单向阀等供给。

当前 ZSFG 推杆式雨淋阀品牌较多，报警阀组也有一些厂家生产，于是在此列出其配套的两款仅供参考，依次为上海陆贡 ZSFG 杠（推）杆式雨淋阀和厦门信达益 ZSFG 杠（推）杆式雨淋阀，如图 10-11 和图 10-12 所示。同时列出 ZSFG 推杆式雨淋阀简化构造图（见图 10-13），以便加深认知。

图 10-11　上海陆贡 ZSFG 杠（推）杆式雨淋阀

图 10-12　厦门信达益 ZSFG 杠（推）杆式雨淋阀

3. ZSFM 直通式隔膜雨淋报警阀

其隔膜主阀水运动轨迹为直通式（立式），该品牌在国标图集与给水排水设计手册中均未列出，但工程设计经常采用。常见的有 *DN*100、*DN*150、*DN*200、*DN*250 共 4 种规格，其构造详见图 10-14。

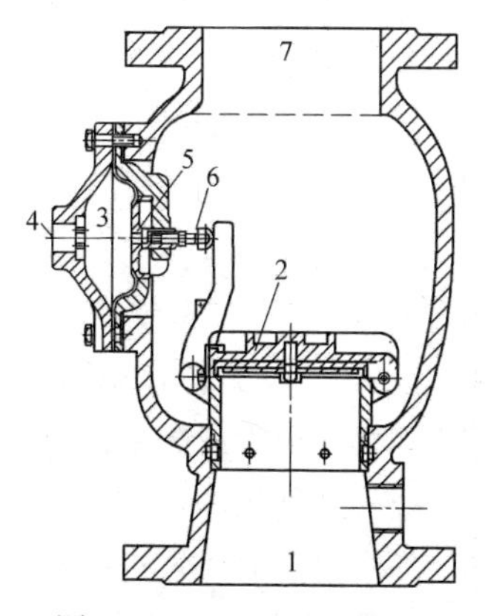

图 10-13　ZSFG 推杆式雨淋阀简化构造

1—进水口；2—阀瓣；3—推杆（顶杆）室；4—推杆室入口；5—活塞；6—推杆；7—出水口

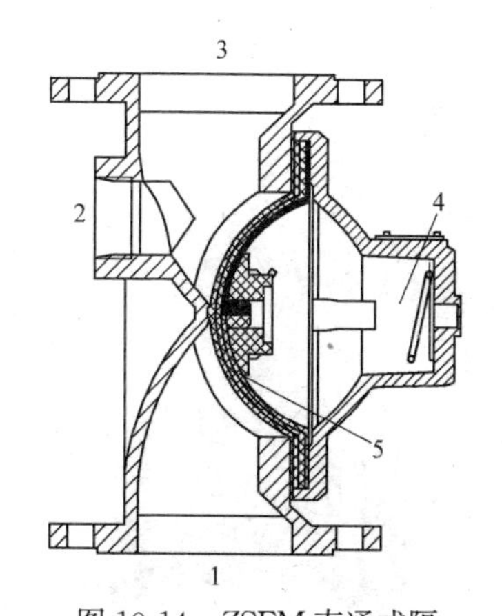

图 10-14　ZSFM 直通式隔膜雨淋报警阀构造

1—进水口；2—放水口；3—出水口；4—控制腔；5—隔膜

ZSFM 直通式隔膜雨淋报警阀的工作原理：利用隔膜运动实现阀门的启闭，隔膜运动受两侧压力控制。隔膜关闭时，将阀体隔成上、下两部分，上部连接自动喷水灭火系统管网，下部与供水系统管网相接，盖与隔膜在密封后形成一个有控制压力的内腔（控制腔）。当发生火灾时，火灾探测器发出信号，通过火灾报警器（或消防控制中心），实现自动打开隔膜雨淋报警阀上的电磁阀（也可手动打开快开阀），使控制腔的水快速排出，泄压后作用于下部供水端的水迅速推动隔膜向右移动，雨淋报警阀自动开启，所有开式喷头同时向被保护的整个面积上自动喷水灭火。

同时，一部分压力流向报警管网，使水力警铃发出铃声报警、压力开关动作，给值班室发出信号指示并启动消防泵供水，或直接启动消防泵供水。

4. DY609X、SYL01……水控式雨淋报警阀

水控式雨淋报警阀主要由阀体、开启系统、防复位系统、报警系统、余水泄放系统组成，通过控制阀瓣的上下运动来实现阀门的启闭。通过电动、机械或其他方法进行开启，使水能够自动单方向流入喷水系统同时进行报警。

图 10-15　上海海高 DY609X 水控式雨淋报警阀

(1) DY609X 水控式雨淋报警阀

本产品共有三种型号，依次为 *DN*100、*DN*150、*DN*200。该类雨淋阀品牌也较多，以上海为主已有数十个生产厂家，在此仅举一例供同行参考，如上海海高 DY609X 水控式雨淋报警阀（见图 10-15）。同时列出上海丰阀 DY609X 水控式雨淋报警阀构造图（见图 10-16）。

DY609X 水控式雨淋报警阀工作原理：

准备工作状态：电磁阀 12 关闭，防复位器 11 处于开启状态，阀前的压力通过防复位器、手动球阀进入主阀控制上腔，压迫膜片 16 带动膜片压板 15 向下运动，使主阀处于关闭状态。

工作状态：如果出现火情，感光、感烟、感温火灾探测器电动控制系统的电控制柜（控制盘）接收来自火灾探测器发出的火灾信号，经过处理向接在隔膜室出口管路上的电磁阀 12 发出启动信号，电磁阀打开，主阀控制腔的水通过电磁阀释放而压力消失，阀前压力推动阀瓣 8 打开阀门，向阀后供水；同时，与主阀控制腔相连的防复位器密封件在阀前水压的推动下向上运动，自动关闭防复位器（即阀前管道与主阀控制腔隔断）。此时，即使误动作或事故原因关闭电磁阀，由于防复位器处于关闭状态，主

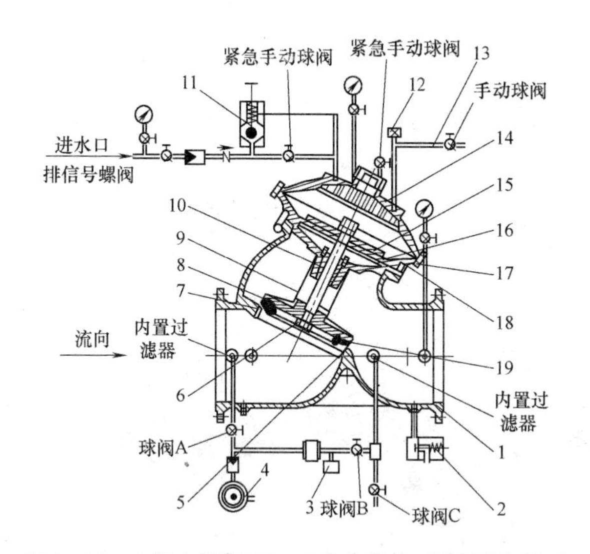

图 10-16　上海丰阀[①] DY609X[②] 水控式雨淋报警阀构造

1—阀体；2—滴水球阀；3—压力开关；4—水力警铃；5—阀座；
6—中心轴；7—阀瓣压板；8—阀瓣；9—弹簧；10—铜套；
11—防复位器；12—电磁阀；13—控制管路；14—阀盖；15—膜片压板；
16—膜片；17—紧固件；18—隔离盘；19—密封件

注：①上海哈帝、艾仪、夏延、东洋、东隆、东峰等类同；
②又称 DY609X 水控式雨淋报警阀。

阀控制腔的压力不会上升，主阀始终处于开启状态，达到防复位的目的。

火灾结束后，关闭电磁阀，再人工按下防复位器的球形手柄，待控制腔的压力与进口压力相等时，阀门关闭后松开防复位器的球形手柄，此时由于主阀控制腔始终保持压力，防复位器始终处于开启状态，阀门返回准备工作状态。

（2）SYL01 水控式消防雨淋阀

是浙江永嘉卫博阀门厂研发生产的新品牌，当前大致有六个规格，依次为 *DN*50、*DN*65、*DN*80、*DN*100、*DN*150、*DN*200。浙江永嘉 SYL01 水控式消防雨淋阀如图 10-17 所示，同时列出浙江永嘉 SYL01 水控式消防雨淋阀组示意图（见图10-18），并附

SYL01 水控式消防雨淋阀简化构造图（见图 10-19）。

图 10-17　浙江永嘉 SYL01 水控式消防雨淋阀

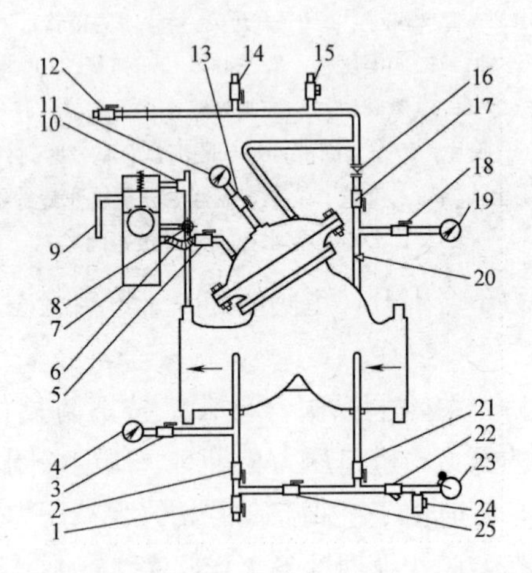

图 10-18　浙江永嘉 SYL01 水控式消防雨淋阀组示意图

1—排放球阀；2—球阀；3—球阀；4—压力表；5—球阀；6—软管；
7—重力式防复位控制器；8—旋转轴；9—无阀排水管；10—推入式卡套；
11—压力表；12—远程紧急球阀；13—球阀；14—紧急手动球阀；15—电磁阀；
16—止回阀；17—球阀；18—球阀；19—压力表；20—旋塞阀；21—球阀；
22—过滤器；23—水力警铃；24—报警装置压力开关；25—球阀

浙江永嘉卫博SYL01水控式消防雨淋阀组工作分析：

雨淋报警阀为消防用水的控制机构，具有两种状态，即临界状态与工作状态。

临界状态：球阀17开启，紧急手动球阀14、电磁阀15和远程紧急球阀12均关闭，球阀5开启，重力式防复位控制器7关闭，球阀2和球阀25开启，球阀21关闭，排放球阀1关闭，球阀3、13、18开启，压力表4无压力，压力表11与压力表19显示相同压力，报警装置压力开关24无水压，水力警铃23不动作。

临界状态下，可在不开启紧急手动球阀14或电磁阀15以及远程紧急球阀12的情况下，关闭球阀25，开启球阀21，检验报警装置压力开关24和水力警铃23是否正常，检验完毕，关闭球阀21，开启球阀25。

工作状态：即有火灾发生，雨淋阀组通过自动或手动控制，迅速由临界状态转变为工作状态。自动或手动控制方式有：①电磁阀15开启；②紧急手动球阀14开启；③远程紧急球阀12开启。由于控制腔压力被释放，雨淋报警阀打开，并且控制腔压力降到一定数值时，重力式防复位控制器7自动开启（即使误动作使远程紧急球阀12、紧急手动球阀14以及电磁阀15关闭，由于重力式防复位控制器7一直处于开启状态，排水管道无阀门，形成不受控排水，故不受误动作影响，控制腔压力不会升高使雨淋阀关闭）。压力表11显示为零，压力表4与压力表19压力上升，显示雨淋阀的出口和进口压力。出口端水经过球阀2、25，过滤器22，使报警装置压力开关24输出信号，启动雨淋消防泵，水力警铃23发出声音报警。

火灾结束，关闭远程紧急球阀12、紧急手动球阀14及电磁阀15，同时旋转重力式防复位控制器7，待无阀排水管不再排水，压力表11压力上升，显示值与压力表19趋于稳定，旋转7使其复位，关闭球阀25，打开排放球阀1，排放系统中余水，排空后，关闭排放球阀1，开启球阀25。雨淋报警阀组重新置于临界状态。

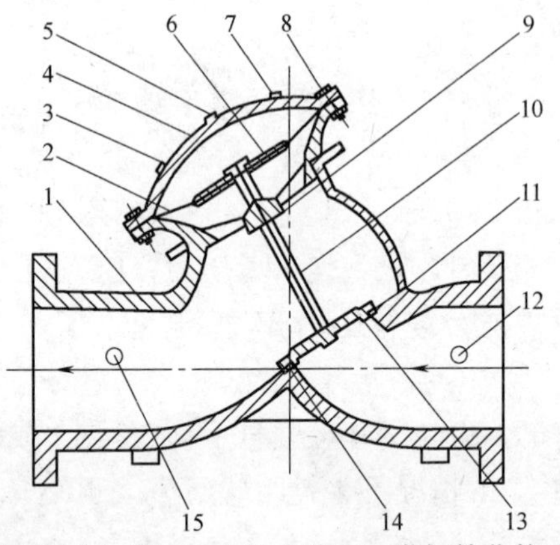

图 10-19　SYL01 水控式消防雨淋阀简化构造

1—阀体；2—膜片；3—控制管接口Ⅰ；4—阀盖；5—阀盖堵塞；6—膜片压板；7—控制管接口Ⅱ；8—固定螺栓；9—弹簧；10—中心轴；11—密封垫圈；12—控制管接口Ⅲ；13—密封板体；14—密封座；15—控制管接口Ⅳ密封件

10.2　开式自动喷水灭火（雨淋）系统的局部水头损失计算方法

1. 雨淋阀门的局部水头损失

雨淋阀门的局部水头损失计算大致有五种方法：①阻力系数法，即当摩阻系数已知时通过水力坡降计算公式求取；②以比阻值直接求算；③以当量长度法计算；④以摩阻（局部水头）损失值直接查用；⑤比照 1992 年白皮《建筑给水排水设计手册》自动喷水灭火系统湿式报警阀的比阻值进行计算。

（1）阻力系数法（即按水力坡降计算）

1）经水力坡降计算公式求得 i 值：

$$i=\lambda \frac{1}{d_{\mathrm{j}}}-\frac{v^2}{2g} \tag{10-1}$$

式中　i——水力坡降；

λ——摩阻系数，应以厂家提供的数据为准；

d_j——管道计算内径，m；

v——管内平均水流速度，m/s；

g——重力加速度，9.81m/s^2。

2）再通过 $B_k = \frac{i}{Q_2}$ 求取比阻值。

3）最后通过 $h = B_k Q^2$ 求算雨淋阀门的局部水头损失。

（2）以比阻值直接求算

$$h = B_k Q^2 \tag{10-2}$$

式中　h——雨淋阀门的局部水头损失，mH_2O；

B_k——雨淋阀门的比阻值（s^2/L^2），应以厂家提供的数据为准；

Q——雨淋阀门处计算流量，L/s。

既往双圆盘雨淋阀与隔膜式雨淋阀局部水头损失计算方法见表 10-1。

双圆盘雨淋阀与隔膜式雨淋阀局部水头损失计算方法

表 10-1

序号	类型	型号及规格	水头损失	符号意义
			计算公式（$h_r = B_k Q^2$）	
1	双圆盘雨淋阀	$d=65$	$h_r = 0.048Q^2$	h_r——水头损失（mH_2O）；B_k——雨淋阀的比阻值；Q——设计流量（L/s）
		$d=100$	$h_r = 0.00634Q^2$	
		$d=150$	$h_r = 0.0014Q^2$	
2	隔膜式雨淋阀	$d=65$	$h_r = 0.0371Q^2$	同上
		$d=100$	$h_r = 0.00664Q^2$	
		$d=150$	$h_r = 0.00122Q^2$	

（3）以当量长度法计算

当量长度是以管道直径为单位，将管件、阀门等的局部阻力折合成直径相同，长度为 L 的直管所产生的阻力。再以该管段相应 i 值与其当量（等效）长度相乘求取水头损失，此水头损失即为要求的局部水头损失。

北京威盾消防安全设备有限公司 ZSFG 型雨淋阀：*DN*100 当量长度 3.6m、*DN*150 当量长度 10m、*DN*200 当量长度 18m（英国喷宝自动洒水头有限公司 A 型雨淋阀类同）。

（4）以摩阻（局部水头）损失值直接查用

按《自动喷水灭火系统第 5 部分：雨淋报警阀》GB 5135.5—2003 的要求：在表 10-2 所给的供水流量条件下，水力摩阻不得超过 0.07MPa。

表 10-2

公称直径(mm)	供水流量(L/min-L/s)	公称直径(mm)	供水流量(L/min-L/s)
40	400-6.67	125	3500-58.33
50	600-10.00	150	5000-83.33
60	800-13.33	200	8700-145.00
80	1300-21.67	250	14000-233.33
100	2200-36.67		

注：表列 L/s 为本书所增，以便查用。具体操作如下：

1）四川天际消防器材有限公司生产的 ZSFG100、ZSFG150、ZSFG200 型 3 个品牌雨淋报警阀，摩阻（局部水头）损失均≤0.07MPa。

2）南京消防器材股份有限公司（即南消）对其生产的 3 个品牌 ZSFM 型角式隔膜雨淋阀，摩阻（局部水头）损失细化为：ZSFM100 为 0.054MPa、ZSFM150 为 0.058MPa、ZSFM200 为 0.062MPa。

（5）比照 1992 年白皮《建筑给水排水设计手册》湿式报警阀的比阻值：*DN*100 为 0.0032、*DN*150 为 0.000869 进行计算。

汇总上述雨淋阀门局部水头损失计算方法，工程设计时可按具体采用的雨淋阀类型酌情计算确定水头损失。

1）ZSFM 角式隔膜雨淋报警阀：可按厂家给定的摩阻（局部水头）损失值直接查用。

2）ZSFG 推杆式雨淋阀：可按厂家提供的摩阻系数 λ 和当量长度，通过水力坡降计算公式或以当量长度求取。亦可按厂家给定的摩阻（局部水头）损失值直接查用。

3）ZSFM 直通式隔膜雨淋报警阀：与老式隔膜式雨淋阀相比，虽隔膜位置有别，但属同类。由于依据短缺，不得已可依照老式隔膜式雨淋阀相关数据，按比阻值计算。

4）DY609X、SYL01……水控式雨淋报警阀：当流速为 2m/s 时，水头损失≤0.03MPa。

2. 手控旋塞阀、进水阀（国标图集称信号阀）、检修阀（国标图集称试验信号阀）、止回阀等局部水头损失

（1）手控旋塞阀

只设有开式喷头和带手柄的旋塞阀，是一种最简单的雨淋装置，单有淋水管网，没有传动管网。适用于防护面积较小，喷头数量较少，给水干管直径小于 50mm，且失火时有人在现场操作的情况。火灾发生后，人工手动及时打开旋塞阀进行灭火。

（2）进水阀（国标图集称信号阀）：蝶阀或闸阀。

（3）检修阀（国标图集称试验信号阀）：蝶阀或闸阀。

（4）止回阀

两层淋水管网，且淋水管道是充水式的，为保证上层淋水管的水平管段在平时充满水，则第二层的给水干管上应装设止回阀或把给水管做成水封状。

以上手控旋塞阀、进水蝶阀（或闸阀）、检修蝶阀（或闸阀）、止回阀等的局部水头损失可采用式（10-3）计算：

$$h_0 = \xi \frac{V^2}{2g} \tag{10-3}$$

式中 h_0——局部水头损失，mH_2O；

ξ——阻力系数，参见下列①～④；

① 旋塞阀：全开 $\alpha=0°$，关闭 $\alpha=66°45'$。当火情发生即危及生命财产，此时人们情绪紧张，开启 20 余度应属正常，所以 ξ 一般采用 1.7。1986 年出版的紫皮《给水排水设计手册》中，$\xi=1.7$。

② 蝶阀：全开时 $\xi=0.1\sim0.3$。

③ 闸阀：全开时 $DN50$，$\xi=0.5$；$DN80$，$\xi=0.4$；$DN100$，$\xi=0.2$；$DN150$，$\xi=0.1$；$DN200\sim250$，$\xi=0.08$。

④ 止回阀（立管安装）：立式升降式止回阀 $\xi=7.5$，旋启式止回阀 $DN150$，$\xi=6.5$；$DN200$，$\xi=5.5$；$DN250$，$\xi=4.5$。

v——通过阀门处的流速，m/s；

g——重力加速度，9.81m/s^2。

蝶阀、闸阀、止回阀等的局部水头损失，也可按《自动喷水灭火系统设计规范》的要求，采用当量长度法计算。当量长度由表 14-9 中的当量长度表查取。

第 11 章　雨淋系统计算举例

【题意】 某厂房局部两层，属严重危险级Ⅱ级。装药间平台上、下均设雨淋喷水灭火系统，其中平台下开口部位一处，设置水幕管水幕系统。据国家现行规范喷水强度应为 16L/(min·m^2)，兼顾工程多采用常高压或临时高压给水系统，为使得设计有规可循，本题分两个方案探索。①喷头间距 3m×2.5m，系统最不利点处喷头工作压力 22.50m（0.225MPa）；②喷头间距 2.5m×2.5m，系统最不利点处喷头工作压力 15.80m（0.158MPa）。计算结果分别见图 11-1～图 11-4。

【题解】 依据喷头数量初定管道直径，继而据水头损失以及流速大小进行调整。

（1）喷头采用 ZSTK 系列开式喷头（公称直径 $DN15$、通水口径 11mm、$K=80$），喷头流量按现行规范公式 $q=K\sqrt{10P}=4.216\sqrt{P}$求算；水幕管（管长 $L=1200$、缝长 $L_0=1070$，缝宽 1.5）出水量按公式 $Q=\mu F\sqrt{2gH}=\xi F\sqrt{2gH}=4.41\sqrt{H}$求算。

（2）管道水力计算方法

图一采用现行《建筑给水排水设计手册》中钢管的 $1000i$ 和 v 值。在满足起始喷头符合规范喷水强度要求前提下，计算时流速从低并尽可能放大管径，以便减少水头损失进而减小流量。

图二按比阻计算水头损失，利用流速系数① 乘以流量求算流速。

（3）当自不同方向计算至同一点出现不同压力时，则低压力方向管段的总流量应按下式进行修正：

$$Q_2=Q_1\sqrt{\frac{H_2}{H_1}} \tag{11-1}$$

式中　H_1——低压方向管段的计算压力，mH_2O；

Q_1——低压方向管段的计算流量，L/s；

H_2——高压方向管段的计算压力，mH_2O；

Q_2——所求低压方向管段的修正流量，L/s。

（4）系统入口处所需压力（其中管道局部阻力系数为 1.2）

1）管道沿程水头损失

图一：

按水力坡降查取→h_1＝0.54＋0.54＋0.33＋0.12＋0.18＋0.10＋0.05＋0.46＋0.04＝2.36mH_2O

按比阻值计算时→h_1＝0.53＋0.54＋0.32＋0.12＋0.18＋0.09＋0.06＋0.47＋0.04＝2.35mH_2O

图二：

按水力坡降查取→h_1＝0.65＋0.33＋0.20＋0.13＋0.11＋0.08＋0.05＋0.08＋0.46＋0.04＝2.13mH_2O

按比阻值计算时→h_1＝0.66＋0.32＋0.19＋0.14＋0.11＋0.06＋0.06＋0.06＋0.52＋0.04＝2.16mH_2O

从计算结果可知：采用 $i=0.00107\dfrac{v^2}{d_j^{1.3}}$这一常用计算式，按水力坡降计算水头损失；和沿用 $h=ALQ^2$ 这一基本计算公式，以比阻计算水头损失；其结果基本一致。

这是因为 $A=\dfrac{0.001736}{d_j^{5.3}}$是由 $i=AQ^2$ 的变换式 $A=\dfrac{i}{Q^2}$导出的。即将 $i=0.0000107\dfrac{v^2}{d_j^{1.3}}$代入 $A=\dfrac{i}{Q^2}$中，经换算导出。

2）管道局部水头损失

图一：

按水力坡降查取→h_2＝0.2×2.36＝0.47mH_2O

按比阻值计算时→h_2＝0.2×2.35＝0.47mH_2O

图二：

按水力坡降查取→h_2＝0.2×2.13＝0.43mH_2O

按比阻值计算时→$h_2=0.2\times2.16=0.43mH_2O$

3）进水蝶阀、检修蝶阀、止回阀等局部水头损失

图一：

水力坡降法→$h_{01}=\xi\frac{v^2}{2g}=(0.2+0.2)\times\frac{2.4^2}{19.62}+4.5\times\frac{1.66^2}{19.62}=0.12+0.63=0.75mH_2O$

比阻系数法→$h_{01}=\xi\frac{v^2}{2g}=(0.2+0.2)\times\frac{2.4^2}{19.62}+4.5\times\frac{1.63^2}{19.62}=0.12+0.61=0.73mH_2O$

图二：

水力坡降法→$h_{01}=\xi\frac{v^2}{2g}=(0.2+0.2)\times\frac{2.45^2}{19.62}+4.5\times\frac{1.75^2}{19.62}=0.12+0.70=0.82mH_2O$

比阻系数法→$h_{01}=\xi\frac{v^2}{2g}=(0.2+0.2)\times\frac{2.44^2}{19.62}+4.5\times\frac{1.72^2}{19.62}=0.12+0.68=0.80mH_2O$

4）ZSFM 直通式隔膜雨淋报警阀的局部水头损失

参照 DY609X、SYL01 水控式雨淋报警阀 $h_{02}=3mH_2O$

综上所述，系统入口处所需压力（H）：

图一和图二两种方法计算结果不同时，从高取值。

图一 $H=h_1+h_2+h_{01}+h_{02}+22.50+4.70=2.36+0.47+0.75+3.00+22.50+4.70=33.78mH_2O$

图二 $H=h_1+h_2+h_{01}+h_{02}+15.80+4.70=2.16+0.43+0.82+3.00+15.80+4.70=26.91mH_2O$

（5）通过对两个方案的计算可以看出：喷头间距与工作压力呈正比，若外管网供水压力较高时布置喷头时间距从大。当最不利点喷头喷水强度符合规范要求后，后续计算宜放大管径以便减小流量。本例题最不利点、全面积及最不利作用面积等喷水强度均接近或稍大于规范要求。

注：① 流速（v）

为使管道运行安全，给水范畴内各个体系对流速限值均有一定的要求。生产、生活给水管的干管一般采用1.2～2.0m/s，支管一般采用0.8～1.2m/s；消防给水管中普通消防不宜大于2.5m/s，自动喷水不宜大于5.0m/s；热水管一般采用0.8～1.5m/s，对防止噪声有严格要求时采用0.6～0.8m/s；循环冷却水干管$DN \leqslant 250$mm时，为1.5～2.0m/s。水泵吸水管一般采用1.0～1.2m/s，出水管一般采用1.5～2.0m/s；贮水池进水管采用0.5～1.2m/s，出水管采用1.0～1.2m/s等等。

管道内允许流速：钢管一般不大于5m/s，特殊情况下不应超过10m/s。

为计算简便，可用流速系数乘以流量得出的流速校核流速是否超过允许的限值，公式如下：

$$v=K_{c}Q \tag{11-2}$$

式中 v——流速，m/s；

K_{c}——流速系数，m/L；

Q——流量，L/s。

流速系数（K_{c}）值，从新中国成立至今一直被用于自动喷水灭火系统，其查用表格一如既往。

多年来，管道用材随着国家繁荣富强不断更新，品类规格日趋增多。为此，经尝试借助$v=K_{c}Q$一式进行一下推导：

$$v=K_{c}Q \rightarrow K_{c}=\frac{v}{Q}=\frac{v}{\left(\frac{1}{1000}Q\right)}=\frac{v}{0.001v \cdot F}=\frac{1}{0.001F}$$

$$=\frac{1}{0.001 \times 0.785} \cdot \frac{1}{d_{j}^{2}}=1273.8854 \times \frac{1}{d_{j}^{2}}$$

导出d_{j}为mm时的$K_{c}=1273.8854 \times \frac{1}{d_{j}^{2}}$，并依此式演算得到表11-1所列$K_{c}$值。同时列出计算内径$d_{j}$，工程运用中$d_{j}$不同时可直接以式计算求取。

表 11-1

流速系数 K_c 值

外径≤165mm的钢管	DN	8	10	15	20	25	32	40	50	70	80	100	125	150
	d_j (mm)	8.00	11.50	14.75	20.25	26.00	34.75	40.00	52.00	67.00	79.50	105.00	130.00	155.00
K_c(m/L)		19.904	9.632	5.855	3.107	1.884	1.055	0.796	0.471	0.284	0.202	0.116	0.075	0.053
外径>165mm的钢管	DN (mm)	125	150	175	200	225	250	275	300	325	350			
	d_j (mm)	125	147	173	198	224	252	278	305	331	357			
K_c(m/L)		0.082	0.059	0.043	0.032	0.025	0.020	0.016	0.014	0.012	0.010			
铸铁管	DN (mm)	50	75	100	125	150	200	250	300	350				
	d_j (mm)	49	74	99	124	149	199	249	300	350				
K_c(m/L)		0.5306	0.2326	0.1300	0.0828	0.0574	0.0322	0.0205	0.0142	0.0104				

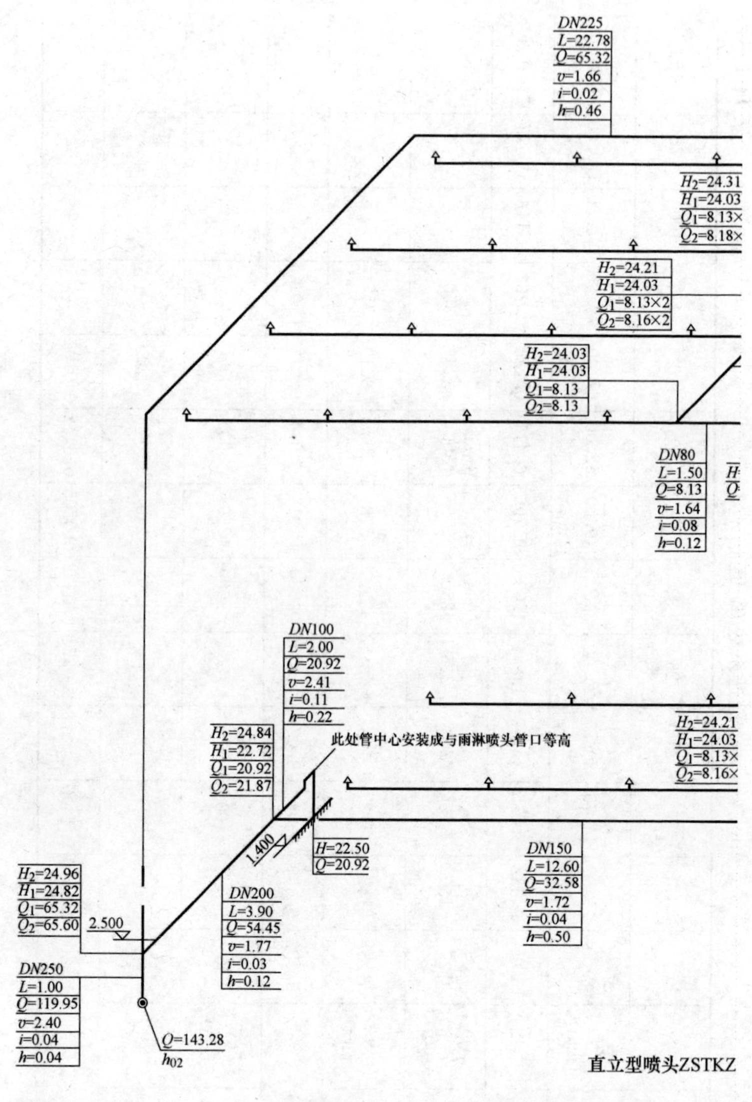

雨淋、水幕流量总计Q=119.95L/s；雨淋阀DN250；最

全部面积(355)Q=119.95−20.92=99.03

最不利作用面积(平台上240)Q=65.32

图 11-1　图一（第一种方案）

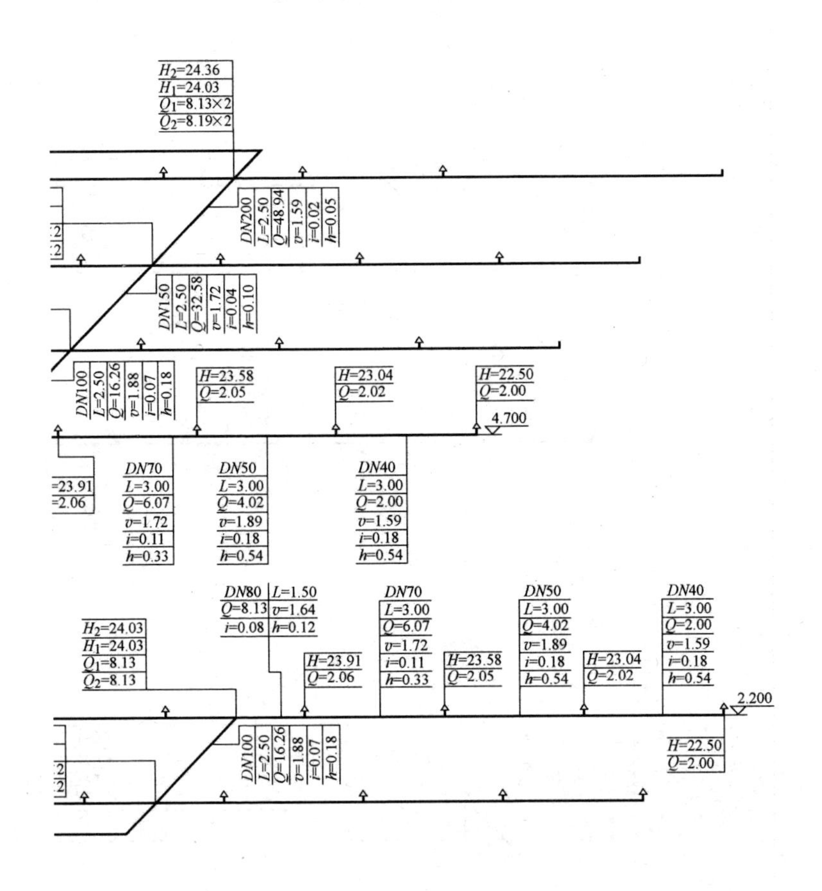

−15(ϕ11,流量系数80)；

:不利点喷头喷水强度：2×60÷(3×2.5)=16.00L/(min·m^2)；

L/s→99.03×60÷355=16.74L/(min·m^2)；

:L/s→65.32×60÷240=16.33L/(min·m^2)。

按水力坡降法计算

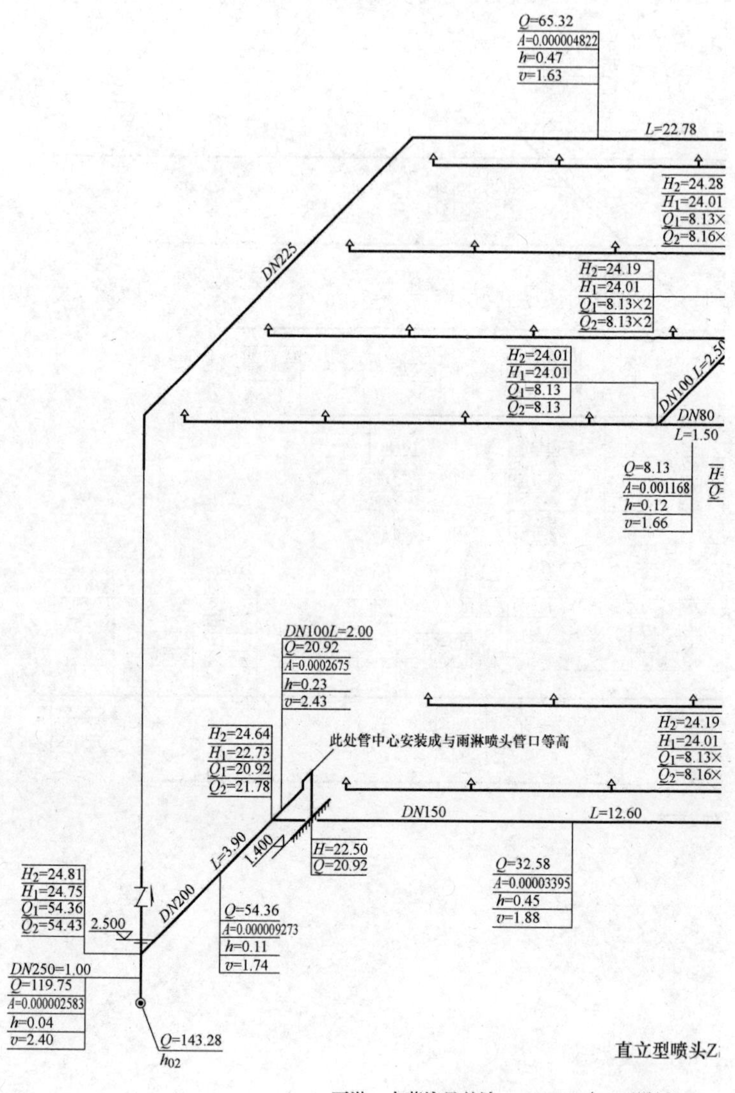

直立型喷头Z

雨淋、水幕流量总计Q=119.75L/s；雨淋阀DN25

全部面积(355)Q=119.75−20.92=

最不利作用面积(平台上240)Q=

图 11-2　图一（第一种方案）

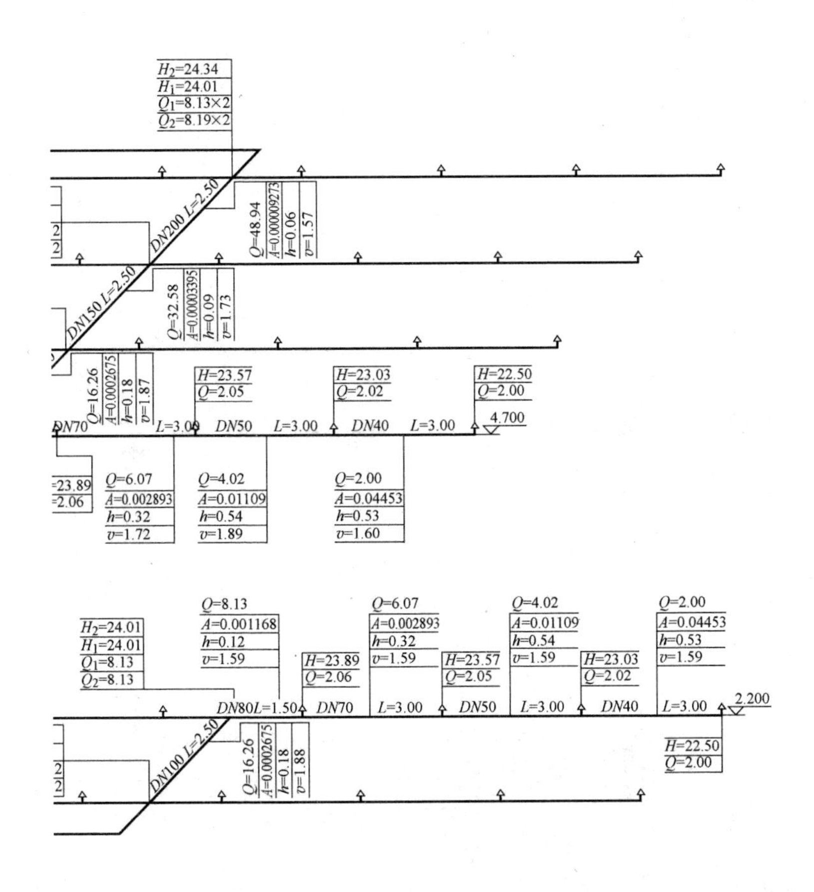

STKZ-15(ϕ11,流量系数80)；

)；最不利点喷头喷水强度：2×60÷(3×2.5)=16.00L/(min·m^2)；

=98.83L/s ➛ 98.83×60÷355=16.70L/(min·m^2)；

=65.32L/s ➛ 65.32×60÷240=16.33L/(min·m^2)。

按比阻系数法计算

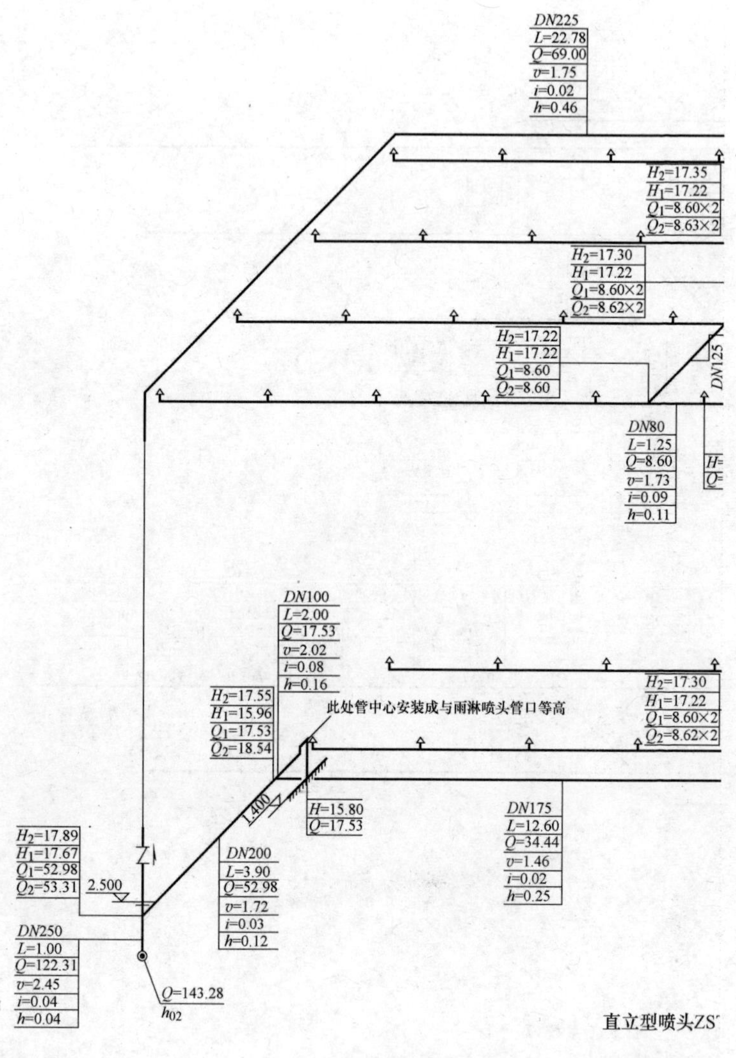

雨淋、水幕流量总计Q=122.31L/s；雨淋阀DN250；

全部面积(355)Q=122.31−17.53=

最不利作用面积(平台上240)Q=

图 11-3　图二（第二种方案）

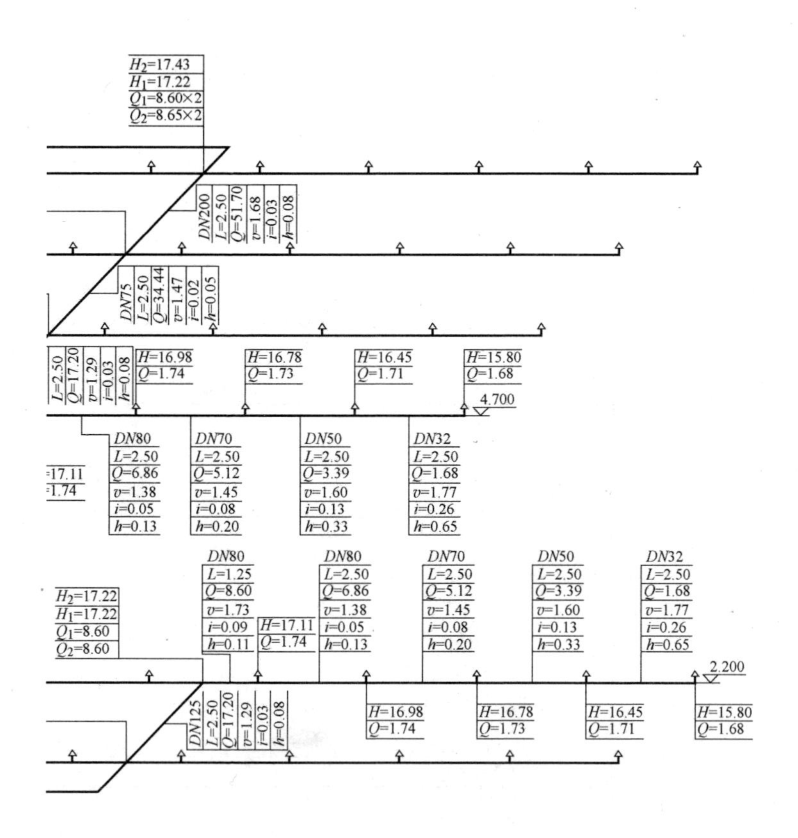

ΓKZ−15(φ11,流量系数80);

最不利点喷头喷水强度: 1.68×60÷(2.5×2.5)=16.13L/(min·m²);

104.78L/s ➤ 104.78×60÷355=17.71L/(min·m²);

69.00L/s ➤ 69.00×60÷240=17.25L/(min·m²)。

按水力坡降法计算

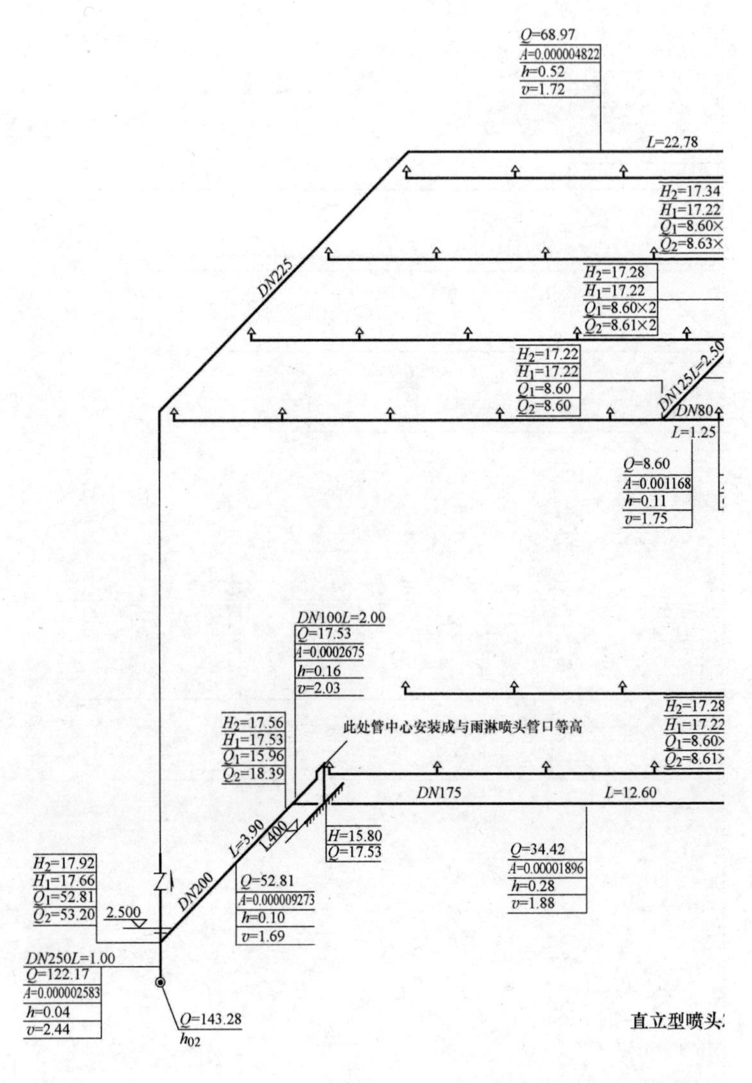

雨淋、水幕流量总计Q=122.17L/s；雨淋阀DN

全部面积(355)Q=122.17−17.5

最不利作用面积(平台上240)

图 11-4　图二（第二种方案）

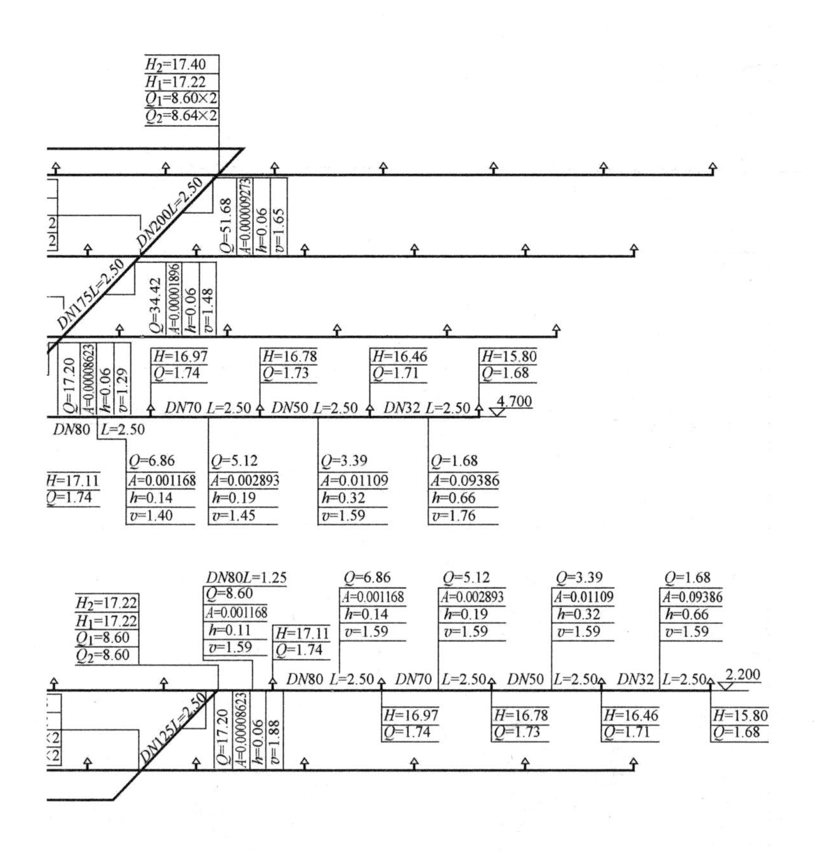

ZSTKZ-15(ϕ11,流量系数80);

250；最不利点喷头喷水强度: 1.68×60÷(2.5×2.5)=16.13L/(min·m^2);

=104.64L/s ➝ 104.64×60÷355=17.69L/(min·m^2);

=68.97L/s ➝ 68.97×60÷240=17.24L/(min·m^2)。

按比阻系数法计算

第四部分
问题解答 40 条

第12章 建筑给水

1. 给水工程的合理使用年限

依照《建筑结构可靠度设计统一标准》GB 50068—2001 给水工程构筑物的合理使用年限宜为50年。《室外给水设计规范》GB 50013—2006 第1.0.6条规定：给水工程应按远期规划、近远期结合、以近期为主的原则进行设计。近期设计年限宜采用5～10年，远期规划设计年限宜采用10～20年，前提为应满足供水需要。给水工程构筑物指水厂清水池、水塔、高位水池及调节水池等人不在其中驻足的建筑，其50年使用年限除结构措施确保外，水专业不可小视。设计容积时要有前瞻性，就是说要顾及长远尽可能放大。

2. 设计供水量组成内容

(1) 综合生活用水（包括居民生活用水和公共建筑用水）：居民生活用水定额和综合生活用水定额按室外给水设计规范（简称外规）表4.0.3-1和表4.0.3-2选用。公共建筑生活用水定额详见《建筑给水排水设计规范》。

(2) 工业企业用水（包括生产用水和工作人员生活、淋浴用水）：大工业用水户或经济开发区宜单独计算，一般工业企业的用水量可结合现有工业企业用水资料确定，其生活、淋浴用水可依据表12-1选用。

工业企业建筑卫生器具设置数量和使用人数按表12-2的规定采用。

表12-1和表12-2摘自《建筑给水排水设计手册》第二版（上册）。源于《工业企业设计卫生标准》GBZ 1-2010。

按《工业企业设计卫生标准》GBZ 1-2010要求：特征1级、2级的车间应设车间浴室；3级宜在附近或在厂区设置集中浴室；

工业企业建筑生活用水定额 **表 12-1**

级别	车间卫生特征			生活用水(除淋浴用水外)			淋浴用水		
	有毒物质	粉尘	其他	用水定额[L/(人·班)]	时变化系数	使用时间(h)	用水定额[L/(人·班)]	时变化系数	使用时间(h)
1级	极易经皮肤吸收引起中毒的剧毒物质(如有机磷、三硝基甲苯、四乙基铅等)		处理传染性材料 动物原料(如皮毛等)	40～50	(2.5～2.0) 2.5～1.5	8	60	1	1
2级	易经皮肤吸收或有恶臭的物质、或高毒物质(如丙烯腈、吡啶、苯酚等)	严重污染全身或对皮肤有刺激的粉尘(如炭黑、玻璃棉等)	高温作业、井下作业	40～50	(2.5～2.0) 2.5～1.5	8	60	1	1
3级	其他毒物	一般粉尘(棉尘)	重作业	30～50	(3.0～2.5) 2.5～1.5	8	40	1	1
4级	不接触有害物质或粉尘,不污染或轻度污染身体(如仪表、金属冷加工、机械加工等)			30～50	(3.0～2.5) 2.5～1.5	8	40	1	1

注：1. 虽易经皮肤吸收，但易挥发的有毒物质（如苯等）可按3级确定。

2. 生活用水与淋浴用水定额为手册依据外规细化编制，“()”内数字为参考数。

工业企业建筑卫生器具设置数量和使用人数　　表 12-2

车间卫生特征级别	每个卫生器具使用人数				
	淋浴器	盥洗水龙头	大便器蹲位	小便器	净身器
1	3～4	20～30	男厕所 100 人以下，每 25 人设一个蹲位；100 人以上每增加 50 人，增设一个蹲位。女厕所 100 人以下，每 20 人设一个蹲位；100 人以上每增加 35 人，增设一个蹲位	男厕所每一个大便器对应设一个小便器（或 0.4m 长小便槽）	按最大班女工人数 100 ～ 200 人设一具，200 人以上每增加 200 人增设一具
2	5～8	20～30			
3	9～12	31～40			
4	13～24	31～40			

4 级可在厂区或居住区设置集中浴室。

选用生活、淋浴用水和公共建筑生活用水时：一般在华南地区可选用高定额，华东、华中地区可选用较高定额，华北、西北、西南地区可选用适中定额，东北、内蒙古、新疆、西藏地区可选用较低定额。

（3）浇洒道路和绿地用水：浇洒道路用水可按浇洒面积以 2.0～3.0L/(m^2·d) 计算；浇洒绿地用水可按浇洒面积以 1.0～3.0L/(m^2·d) 计算。

（4）管网漏损水量：宜按上列（1）～（3）款水量之和的 10%～12%计算。

（5）未预见用水：宜采用上列（1）～（4）款水量之和的 8%～12%。

（6）消防用水：按国家现行《建筑设计防火规范》GB 50016—2006、《高层民用建筑设计防火规范》GB 50045—1995（2005 年版）等规范及行业标准执行。

3. 水量计算

（1）设计供水量

1）居民生活用水和公共建筑用水

① 居民生活用水量 Q_p

$$Q_p = \sum(q_i P_i \omega_\theta)/1000 \ (m^3/d) \tag{12-1}$$

式中 q_i——居民生活用水定额，L/(人·d)，参见外规表 4.0.3-1；

P_i——居住区的人口密度，人/hm²；

ω_θ——居住区面积，hm²。

② 公共建筑用水量 Q_B

$$Q_B = \sum(q_b P_b)/1000 \ (m^3/d) \tag{12-2}$$

式中 q_b——宿舍、旅馆和公共建筑生活用水定额，L/(人·d)，参见建规表 3.1.10；

P_b——用水单位的数量（人、位……）。

2）工业企业生产用水和工作人员生活、淋浴用水量 Q_w

$$Q_w = Q_1 + (Q_2 + Q_3)/1000 \ (m^3/d) \tag{12-3}$$

式中 Q_1——工业企业日生产用水量，m³/d；

Q_2——工业企业工作人员生活用水量，L/(人·班)，见表 12-1；

Q_3——工业企业工作人员淋浴用水量，L/(人·班)，见表 12-1。

3）浇洒道路和绿地用水量 Q_L

浇洒道路用水可按浇洒面积以 2.0～3.0L/(m²·d) 计算；浇洒绿地用水可按浇洒面积以 1.0～3.0L/(m²·d) 计算。

4）管网漏损水量 Q_r

宜按上列 1）～3）款水量之和的 10%～12%计算。

5）未预见用水量 Q_u

宜采用上列 1）～4）款水量之和的 8%～12%。

6）消防用水量 Q_X

$$Q_X = q_X N \tag{12-4}$$

式中 q_X——一次火灾消防用水总量，m³；

N——同一时间内火灾次数。

（2）最高日用水量 Q_R

$$Q_R = Q_p + Q_B + Q_w + Q_L + Q_r + Q_u \ (m^3/d) \tag{12-5}$$

1）最高日平均时用水量 Q_T

$$Q_T=\frac{Q_R}{24}\ (m^3/h) \tag{12-6}$$

2）最高日最高时用水量 Q_S

$$Q_S=K_S\frac{Q_R}{24}\ (m^3/h) \tag{12-7}$$

$$K_S=\frac{Q_S}{Q_T} \tag{12-8}$$

K_S——时变化系数，在缺乏实际用水资料的情况下，最高日城市综合用水的时变化系数宜采用 1.2～1.6；日变化系数宜采用 1.1～1.5。1997 年版条文说明指明：特大和大城市宜取下限，中、小城市宜取上限；个别小城镇时变化系数可大于 1.6，日变化系数可大于 1.5。

3）最大秒流量 Q_m

$$Q_m=\frac{Q_S}{3.6}\ (L/s) \tag{12-9}$$

4. 设计水量

（1）取水构筑物、从水源至城镇水厂或工业企业自备水厂的输水管（渠）、水处理构筑物等设计水量应按上列（一）款 1～5（条目 3 中 1）设计供水量 1)～5）的最高日水量之和确定，并计入水厂自用水量。当长距离输水时，应计入管渠漏失水量。当负有消防给水任务时，还应根据有无调节构筑物，分别包括消防补充水量或消防流量。采用最高日平均时用水量 Q_T。

水厂自用水量指沉淀池或澄清池的排泥水、溶解药剂用水、滤池冲洗水以及各种处理构筑物的清洗用水等。根据我国各地水厂运行经验，当滤池反冲洗水不回用时，一般自用水率为 5%～10%。上限用于原水浊度较高、排泥频繁的水厂；下限用于原水浊度较低、排泥不频繁的水厂。当滤池反冲洗水回用时，自用水率约可减少 1.5%～3.0%。

（2）配水管网设计水量

采用最高日最高时用水量 Q_S。当管网内无调节构筑物时，Q_S 全部由净水厂供给；当管网内有调节构筑物时，Q_S 应等于净水厂供水量和调节构筑物供水量之和。

5. 关于套内分户水表前的给水静水压力

《住宅设计规范》GB 50096—2011 第 8.2.3 条规定：用水点供水压力不宜大于 0.2MPa，且不应小于用水器具要求的最低压力。

6. 入户管的供水压力

《住宅设计规范》GB 50096—2011 第 8.2.2 条规定：入户管的供水压力不应大于 0.35MPa。

条文说明指出：入户管的给水压力的最大限值规定为 0.35MPa，为强制性条文，与《住宅建筑规范》一致，并严于《建筑给水排水设计规范》的相关要求。推荐用水器具要求的最低压力不宜大于 0.20MPa，与已经报批的《民用建筑节水设计标准》一致，其目的都是要通过限制供水的压力，避免无效出流状况造成水的浪费。超过压力限值，则根据条文要求的严格程度采取系统分区、支管减压措施。

提出最低给水水压的要求，是为了确保居民正常用水条件，可根据《建筑给水排水设计规范》提供的卫生器具最低工作压力确定。

现行《建筑给水排水设计规范》GB 50015—2003（2009 年版）规定居住建筑入户管给水压力不应大于 0.35MPa（350kPa）。

根据给水配件的一般质量状况及住宅的维修条件，住宅给水压力又不宜过高，经多方征求意见，认为取《高层民用建筑设计防火规范》GB 50045—1995（2005 年版）一类建筑和二类建筑分界的十八层，作为不应超过的上限较为有利，故限定为“大于 400kPa 时，应采取竖向分区或减压措施”。但在条件许可时，仍应以 300～350kPa 为宜。

7. 关于高层建筑的供水压力

现行《建筑给水排水设计规范》GB 50015—2003（2009 年

版）与《建筑给水排水设计手册》规定：

（1）供水压力首先应满足不损坏给水配件，卫生器具配水点的静水压力不得大于 0.6MPa。

（2）各分区最低卫生器具配水点处的静水压力不宜大于 0.45MPa，特殊情况下不宜大于 0.55MPa。

（3）静水压力大于 0.35MPa 的入户管（或配水横管），宜设减压或调压设施。

（4）各分区最不利配水点的水压应满足用水水压要求。入户管或公共建筑的配水横管的水表进口端水压，一般不宜小于 0.1MPa（卫生器具对供水压力有特殊要求时应按产品样本确定）。

8. 调蓄构筑物设置方式和容量

调蓄构筑物一般指净水厂清水池、水塔（或高位水箱）、高位水池及调节水池泵站等。

（1）调蓄构筑物设置方式

1986 年版紫皮《给水排水设计手册》指出：调节构筑物的调节容量可以设在水厂内，也可以设在厂外；可以采用高位的布置形式（水塔或高位水池），也可以采用低位的布置形式（调节水池和加压泵房）。

由于水池造价比同容积的水塔便宜，如地形许可，应尽可能采用水池。如果没有天然的高地来设立高位水池，或高地离给水区很远，以致输水管造价很高及水头损失过大，使得建造高地水池在经济上明显不合理时，可建水塔。

（2）调蓄构筑物容量

1）净水厂清水池有效容积 W_C：

$$W_C = W_1 + W_2 + W_3 + W_4 (m^3) \tag{12-10}$$

式中 W_1——调节容量，m^3，一般根据制水曲线和供水曲线求得，无制水曲线和供水曲线时，按本条目 2）调节构筑物的容积以 K 值求算；

W_2——水厂自用水量①，m^3，由水处理构筑物设计水量与自用水率乘积求得；

W_3——安全贮量，m^3，为避免清水池抽空，威胁供水安全而留出一定水深的容量；

W_4——消防贮量，m^3，按下式计算：

$$W_4 = Q_X 3.6T + Q_Z 3.6T + Q_S T - Q_b T \ (m^3)$$

式中 Q_X——室内外消火栓用水量之和，L/s；

3.6——换算系数，$1L/s = 3.6m^3/h$；

T——火灾延续时间，民用建筑 2.0h，甲、乙、丙类厂房（仓库）3.0h，丁、戊类厂房（仓库）。2.0h，其他详见国家现行规范；

Q_Z——自动喷水用水量，L/s，持续喷水时间 1.0h，其中仓库类详见国家现行规范；

Q_S——生产、生活最大时用水量②，“含 15%淋浴最大时用水量”，m^3/h；

Q_b——水池进水管的补给水量，m^3/h，补给时间同火灾延续时间。当只有一条输水管供水时，补给水量应不计。

注：

①《室外给水设计规范》再三指出：根据多年来水厂的运行及设计单位的实践经验，管网无调节构筑物时，净水厂内清水池的有效容积为最高日设计水量的 10%～20%，可满足调节要求。对于小水厂，建议采用大值。

② 是指城市、居住区、企业事业单位的室外低压消防给水，当采用生产、生活和消防合用一个给水系统时，应保证在生产、生活用水量达到最大小时用水量时，仍应保持室内和室外消防用水量。

2）调节构筑物的容积

市区和近郊区非农业人口 100 万人及以上的特大城市、50 万人及以上的大城市以及不满 50 万人的中等城市，由于供水区域大，输水距离远，为降低净水厂送水泵扬程，进而节省能耗，当供水区域有合适的位置和适宜的地形时，可考虑在水厂外建水塔、高位水池或调节水池泵站。

① 水塔容量 W_V

$$W_V = W_1 + W_2 \ (m^3) \qquad (12\text{-}11)$$

式中 W_1——消防贮量，m^3，前10min室内消防用水量（含自动喷水）；

W_2——调节容量，m^3，按下式计算：

$$W_2 = KQ$$

其中 Q——最高日用水量，m^3/d；

K——调节容量占最高日用水量的百分率，%：城镇一般可按供水区域最高日用水量的6%～8%选定。对于生活用水，当水泵采用自动控制时宜按供水区域的最高时用水量的50%取用，或按供水区域最高日用水量的5%选定；当水泵采用手动控制时宜按供水区域最高日用水量的12%取用；生活用水单设水塔（或高位水箱）时按供水区域最高日用水量的50%取用。工业用水调节容量按其要求确定。水泵-水塔联合供水时，生活用水调节容量可参考表12-3选定。

调节容量占最高日用水量的百分率（*K*值）　　表12-3

供水区域最高日用水量(m^3)	<100	100～300	300～500	500～1000	1000～2000	2000～4000
调节容量占最高日用水量的百分率	30%～20%	20%～15%	15%～12%	12%～8%	8%～6%	6%～4%

② 高位水池容量 W_V

$$W_V = W_1 + W_2 + W_3 (m^3) \qquad (12\text{-}12)$$

式中 W_1——消防贮量（m^3），按公式 $W_1 = Q_X 3.6T + Q_Z 3.6T + Q_S T - Q_b T$ 计算；

W_2——调节容量，m^3，按公式 $W_2 = KQ$ 计算；

W_3——安全贮量，m^3，为了自控设施正常运行，确保供水安全而留出一定水深的容量。

③ 调节水池有效容积 V_Y

居住小区或建筑物生活用水调节水池有效容积与水源供水能力和用户需求有关，一般根据给水泵供给水量，给水管网供出水量和事故备用水量确定，应满足下式要求：

$$V_Y \geqslant (Q_b - Q_g) T_b + V_s \quad (12\text{-}13)$$

$$Q_g T_t \geqslant (Q_b - Q_g) T_b \quad (12\text{-}14)$$

式中　Q_b——给水泵供给水量，m^3/h；

Q_g——给水管网供出水量，m^3/h；

T_b——给水泵运行时间，h；

V_s——事故备用水量，m^3；

T_t——给水泵运行间隔时间，h。

当资料不足时：调节水池有效容积可按最高日用水量的15%～20%确定，但不得小于最高日用水量的8%～12%；水泵-水塔（或高位水池）联合供水时，可参考表12-3选定；建筑物内生活用水调节水池的有效容积，宜按最高日用水量的20%～25%确定。

④ 吸水井、高位水箱有效容积

a. 吸水井的有效容积

一般不得小于最大1台水泵或多台同时工作水泵3min的出水量，小型泵可按5～15min的出水量来确定。

b. 高位水箱有效容积 V_t

建筑物内生活用高位水箱的有效容积应根据用水量和进水量变化曲线经计算确定，当缺乏用水量和进水量变化曲线时，常按经验确定。

a）由外网夜间直接进水的高位水箱，有效容积应按白天全部由水箱供水的用水人数和最高日用水定额经计算确定。

b）经验公式

(a) 水泵自动运行时：

$$V_t \geqslant 1.25 Q_b / 4 n_{max} \quad (12\text{-}15)$$

式中　Q_b——水泵的出水量，m^3/h；

n_{max}——水泵1h内最大启动次数，一般选用4～8次/h。在水泵可以直接启动，且对供电系统无不利影响时，可选用较大值（6～8次/h）。也可按下式估算：

$$V_t = (Q - Q_b) T + Q_b T_b \quad (12\text{-}16)$$

式中　Q——设计秒流量，3.6m³/h；

Q_b——水泵的出水量，m³/h；

T——设计秒流量的持续时间，h，在无资料时可按 0.5h 计算；

T_b——水泵最短运行时间，h，在无资料时可按 0.25h 计算。

按以上公式确定水箱有效容积时，前者计算结果要小得多，而后者计算结果更小。

对于生活用水设计过程常采用：当水泵自动控制时宜按供水区域最高时用水量的 50%取用，或按供水区域最高日用水量的 5%选定。

(b) 水泵人工操作时：

$$V_t = Q_d/n - T_b Q_m \tag{12-17}$$

式中　Q_d——最高日用水量，m³/h；

n——水泵每天启动次数，由设计确定；

T_b——水泵启动一次的运行时间，h，由设计确定；

Q_m——水泵运行时段内，平均小时用水量，m³/h。

对于生活用水设计过程，当水泵人工操作时宜按供水区域最高日用水量的 12%取用。

(c) 单设水箱时：

$$V_t = Q_m T \tag{12-18}$$

式中　Q_m——由于给水管网压力不足，需要由水箱供水的最大连续平均小时用水量，m³/h；

T——需要由水箱供水的最大连续时间，h。

通常可按最大高峰时段用水量或全天用水量的 1/2 确定；也可按夜间进水白天全部由水箱供水确定，此时水箱有效容积应按由水箱供水的用水人数和最高日用水定额经计算确定。

9. 常用的三种基本给水系统及其水源

生活给水系统、生产给水系统和消防给水系统。给水系统的水源，一般应以城市自来水为首选。当采用自备水源供水时，生活给水系统的水源须符合《生活饮用水卫生标准》GB 5749—2006 的规定。

10. 室内外消防给水系统和生产、生活给水系统合并，由室外管网直接供室内外消防用水的适用条件

室外给水管网可同时满足室内外消防用水及生产、生活用水的水量及水压，为常高压系统，一般为低（多）层建筑采用。

11.《建筑给水排水设计规范》（2009 年版）有关防水质污染的规定

生活饮用水不得因管道内产生虹吸、背压回流而受污染。虹吸回流是指附近管网因火灾出水灭火或日常维修造成供水端压力降低或产生负压而引起的回流。背压回流是指供水系统因下游压力变化，用水端水压高于供水端水压而引起的回流。例如，锅炉的运行压力高于供水压力时，锅炉内的水便会回流入供水管道。

因为回流而造成生活饮用水系统的水质劣化，称之为回流污染，也称倒流污染。

防止回流污染采用的技术措施主要有：倒流防止器（防污隔断阀）、空气隔断（空气间隙）、真空破坏器等。详见规范 3 章 3.2 节及 3.4 节有关条文。

值得一提的是：《建筑给水排水设计手册》第二版（上册）写道：止回阀不能作为防止回流污染的有效装置。（下册）在选用提示中写道：符合建标的倒流防止器采用减压方式，利用液体永远从高压流向低压的原理，绝对防止倒流，不同于止回阀。

管材、附件和水表一章 3.4.7 款条文说明总论中更加明确指出：止回阀只是引导水流单向流动的阀门，不是防止倒流污染的有效装置。此概念是选用止回阀还是选用管道倒流防止器的原则。管道倒流防止器具有止回阀的功能，而止回阀则不具备管道倒流防止器的功能。

12. 从生活饮用水管道系统上接至下列用水管道或设备时，应设置倒流防止器

（1）单独接出消防用水管道时，在消防用水管道的起端（不含从室外生活给水管道上接出的室外消火栓）。

（2）从生活饮用水贮水池抽水的消防水泵出水管上。《建筑给水排水设计手册》第二版（上册）1.2.2 防水质污染中指出“止回阀不能作为防止回流污染的有效装置”。

13. 给水管道的敷设

（1）非冰冻地区：①机动车道路下，金属管道覆土厚度不小于0.7m；非金属管道覆土厚度不小于1.0m。②非机动车道路下或道路边缘地下，金属管道覆土厚度不宜小于0.3m；塑料管不宜小于0.7m。

（2）冰冻地区：在满足上述前提下，其管底埋深可在冰冻线下距离：金属管道及非金属管道，管径≤300mm 为 D+200mm；管顶最小覆土厚度不得小于土壤冰冻线以下 0.15m。

14. 止回阀的选型与安装

（1）选型：①阀前水压小的部位，宜选用旋启式、球式和梭式止回阀；②关闭后密闭性能要求严密的部位，宜选用有关闭弹簧的止回阀；③要求削弱关闭水锤的部位，宜选用速闭消声止回阀（用于大口径水泵）或有阻尼装置的缓闭止回阀（用于小口径水泵）。

（2）安装：①卧式升降式止回阀和阻尼缓闭止回阀及多功能阀只能安装在水平管段，立式升降式止回阀不能安装在水平管段；②其他的止回阀均能安装在水平管段或水流方向自下而上的立管上。

15. 管道防结露

当管道内水温低于空气露点温度时，空气中的水蒸气将在管道外表面产生凝结水，为了防止凝结水产生，管道应采用防结露保温措施。

16. 承插式管道接口的借转角度

在敷设承插式管道时，允许每个接口略有借转角度，参见表12-4。

17. 管线之间遇到矛盾时，应按下列原则处理

（1）临时管线避让永久管线；

承插接口的借转角度 **表 12-4**

	自应力钢筋混凝土管	预应力钢筋混凝土管	铸铁管	管径(mm)
附常用弯管种类：90°、45°、22°30′(22 1/2°)、11° 15′(11 1/4°)及5°37.5′(5 5/8°)	—	—	5°	75
	1°5′	—	4°	100
		—	3°30′	150
		—	3°14′	200
	—	—	3°7′	250
	1°	—	3°	300
		1°5′	2°41′	400
			2°	500
			1°47′	600
	—		1°35′	700
	—	1°	1°23′	800
	—		1°12′	900
	—		1°2′	1000
	—		0°55′	1200
	—		—	1400

（2）小管线避让大管线；

（3）压力管线避让重力自流管线；

（4）可弯曲管线避让不可弯曲管线。

18. 给水管与其他管线及建（构）筑物的最小净距

给水管与其他管线及建（构）筑物之间的最小水平净距（m） **表 12-5**

序号	建(构)筑物或管线名称			与给水管线的最小水平净距	
				$D \leqslant 200$mm	$D>200$mm
1	建筑物			1.0	3.0
2	污水、雨水排水管线			1.0	1.5
3	燃气管线	中低压	$P \leqslant 0.4$MPa	0.5	

续表

序号	建(构)筑物或管线名称			与给水管线的最小水平净距	
				$D\leqslant200$mm	$D>200$mm
3	燃气管线	高压	0.4MPa<$P\leqslant$0.8MPa	1.0	
			0.8MPa<$P\leqslant$1.6MPa	1.5	
4	热力管线			1.5	
5	电力电缆			0.5	
6	电信电缆			1.0	
7	乔木(中心)			1.5	
8	灌木				
9	地上杆柱	通信照明<10kV		0.5	
		高压铁塔基础边		3.0	
10	道路侧石边缘			1.5	
11	铁路钢轨(或坡脚)			5.0	

给水管与其他管线最小垂直净距(m)　　　　表 12-6

序号	管线名称		与给水管线的最小垂直净距
1	给水管线		0.15
2	污水、雨水排水管线		0.40
3	热力管线		0.15
4	燃气管线		0.15
5	电信管线	直埋	0.50
		管沟	0.15
6	电力管线		0.15
7	沟渠(基础底)		0.50
8	涵洞(基础底)		0.15
9	电车(轨底)		1.00
10	铁路(轨底)		1.00

19. 排水管道和其他地下管线（构筑物）的最小净距

排水管道和其他地下管线（构筑物）的最小净距　　表 12-7

名称			水平净距(m)	垂直净距(m)
建筑物			见注 3	
给水管线	$d \leqslant 200$mm		1.0	0.4
	$d > 200$mm		1.5	
排水管				0.15
再生水管			0.5	0.4
燃气管线	低压	$P \leqslant 0.05$MPa	1.0	0.15
	中压	$0.05\text{MPa} < P \leqslant 0.4$MPa	1.2	0.15
	高压	$0.4\text{MPa} < P \leqslant 0.8$MPa	1.5	0.15
		$0.8\text{MPa} < P \leqslant 1.6$MPa	2.0	0.15
热力管线			1.5	0.15
电力管线			0.5	0.5
电信管线			1.0	直埋 0.5
				管块 0.15
乔木			1.5	
地上杆柱	通信照明<10kV		0.5	
	高压铁塔基础边		1.5	
道路侧石边缘			1.5	
铁路钢轨(或坡脚)			5.0	轨底 1.2
电车(轨底)			2.0	1.0
架空管架基础			2.0	
油管			1.5	0.25
压缩空气管			1.5	0.15
氧气管			1.5	0.25
乙炔管			1.5	0.25
电车电缆				0.5
明渠渠底				0.5
涵洞基础底				0.15

注：1. 表列数字除注明者外，水平净距均指外壁净距，垂直净距系指下面管道的外顶与上面管道基础底间净距；

2. 采取充分措施（如结构措施）后，表列数字可以减小；

3. 与建筑物水平净距，管道埋深浅于建筑物基础时，不宜小于 2.5m；管道埋深深于建筑物基础时，按计算确定，但不宜小于 3.0m。

第13章 建筑热水

20.《建筑给水排水设计手册》第二版（上册）：各种类型建筑物热水用量表4.1-3中，gaL/h与L/h换算关系

1L=0.2642gaL（美加仑）。

21. 金属管道保温绝热层厚度（单层δ）

（1）按《工业设备及管道绝热工程设计规范》GB 50264—2013

$$\delta=\frac{1}{2}(D_1-D_0) \tag{13-1}$$

式中 δ——绝热层厚度，m；

D_1——内层绝热层外径，当为单层时D_1即绝热层外径，m；

D_0——管道或设备外径，m。

圆筒型绝热层经济厚度计算中，应使绝热层外径D_1满足式（13-2）要求：

$$D_1\ln\frac{D_1}{D_0}=3.795\times10^{-3}\sqrt{\frac{P_E\cdot\lambda\cdot t\,|T_0-T_a|}{P_T\cdot S}}-\frac{2\lambda}{\alpha_s} \tag{13-2}$$

式中 D_1、D_0——同上；

P_E——能量价格，元/GJ，P_E的取值应符合本规范第5.7.1条和5.7.2条的规定；

P_T——绝热结构单位造价，元/m^3，P_T的取值应按实际价格或按本规范第5.7.3条的规定计算确定；

λ——绝热材料在平均温度下的导热系数，W/(m·K)，λ的取值应符合本规范第5.8.5条的规定；

α_s——绝热层外表面与周围空气的换热系数，W/(m^2·K)，α_s 的取值应符合本规范第 5.8.4 及第 5.9.4 条的规定；

t——年运行时间 h，t 的取值应符合本规范第 5.8.8 及第 5.9.7 条的规定；

T_0——管道或设备的外表面温度，℃，T_0 的取值应符合本规范第 5.8.1 条及第 5.9.1 条第 1 款的规定；

T_a——环境温度，℃，T_a 的取值应符合本规范第 5.8.2 条及第 5.9.1 条第 2 款的规定；$|T_0-T_a|$—(T_0-T_a)的绝对值；

S——绝热工程投资年摊销率，%，宜在设计使用年限内按复利率计算。

（2）按《国家建筑标准设计图库》03S401 总说明

$$\delta=\frac{1}{2}(D_2-D_1) \tag{13-3}$$

式中 δ——绝热层厚度（m）；

D_2——绝热层外径（m）；

D_1——管道或设备外径（m）。

圆筒型绝热层经济厚度计算中，应使绝热层外径 D_2 满足下列恒等式要求：

$$D_2\ln\frac{D_2}{D_1}=2\lambda\left(\frac{T_0-T_a}{0.8[Q]}-\frac{1}{\alpha_s}\right) \tag{13-4}$$

式中 D_2、D_1——同上；

λ——绝热材料在平均温度下的导热系数，W/(m·℃)；

$[Q]$——保温绝热层最大允许热损失量（W/m^2）；

α_s——绝热层外表面向周围环境的放热系数，W/(m^2·℃)，本图集取 $\alpha_s=11.63W/(m^2·℃)$；

T_0——介质温度，℃；

T_a——环境温度,℃，按下列方法选用（查本图集15～17页）：

无采暖和无空调房间，保温时取平均温度；

有采暖而无空调房间，保温时取采暖设计温度；

有采暖和有空调房间，保温时取采暖设计温度；

地沟内温度取法：$T_0<80$℃时，$T_a=20$℃；$T_0=80\sim110$℃时，$T_a=30$℃；$T_0>110$℃时，$T_a=40$℃。

22. 金属管道保温绝热层热损失量（Q）

$$Q=\frac{T_0-T_a}{\frac{D_1}{2\lambda}\ln\frac{D_1}{D_0}+\frac{1}{\alpha_s}} \tag{13-5}$$

式中 Q——以每平方米绝热层外表面积表示的热损失量，W/m²，Q为负值时，为冷损失量；

T_0——介质温度,℃，由于金属的导热系数很高，因此假设金属管道内、外壁温度相同，即金属管道和设备的表面温度同介质温度；

T_a——环境温度,℃；

D_1——绝热层外径，m，绝热层外径可由管道外径＋绝热层厚度 求得；

D_0——管道外径，m；

λ——绝热材料导热系数，用于金属管道及平壁设备，W/(m·℃)。

各种绝热材料：当环境温度30℃、介质温度60℃、DN100时，（绝热层厚度—内表面温度—外表面温度—内、外表面温度算术平均值）如下所示：

玻璃棉制品→（20—60—33.9—46.95）；

超细玻璃棉制品→（20—60—33.92—46.96）；

泡沫橡塑制品（PVC/NBR）→（20—60—34.33—47.17）；

酚醛泡沫制品（PF）→（15—60—34.14—47.07）；

复合硅酸盐制品→（25—60—34.25—47.13）；

聚氨酯泡沫制品→（15—60—34.3—47.15）；

聚乙烯泡沫制品（PEF）→（20—60—33.9—46.95）；

岩棉制品→（20—60—34.4—47.20）；

泡沫玻璃制品→（30—60—34.1—47.05）；

硅酸铝制品→（20—60—34.1—47.05）；

微孔硅酸钙制品→（25—60—34.4—47.20）；

憎水珍珠岩制品→（30—60—33.9—46.95）；

α_s——绝热层外表面向周围环境的放热系数，W/(m·℃)，$\alpha_s=1.163\times(10+6\sqrt{W})$，式中 W 为年平均风速(m/s)。当无风速值（$W=0$）时，$\alpha_s=1.163\times10=11.63$W/(m·℃)。

汇总以上给定参数，仅以 $DN100$ 为例求算各绝热材料热损失量，结果详见表 13-1。

绝热层热损失量 Q（W/m²） **表 13-1**

序号	绝热材料名称	计算参数							Q
		T_0	T_a	D_2	D_1	α_s	λ	t_m	
1	玻璃棉制品	60	30	0.134	0.114	11.63	0.0390	46.95	82.49
2	超细玻璃棉制品	60	30	0.134	0.114	11.63	0.0358	46.96	77.22
3	泡沫橡塑制品(PVC/NBR)	60	30	0.134	0.114	11.63	0.0437	47.17	89.87
4	酚醛泡沫制品(PF)	60	30	0.129	0.114	11.63	0.0304	47.07	86.15
5	复合硅酸盐制品	60	30	0.139	0.114	11.63	0.0551	47.13	89.26
6	聚氨酯泡沫制品	60	30	0.129	0.114	11.63	0.0317	47.15	88.89
7	聚乙烯泡沫制品(PEF)	60	30	0.134	0.114	11.63	0.0396	46.95	83.45

续表

序号	绝热材料名称	计算参数							Q
		T_0	T_a	D_2	D_1	α_s	λ	t_m	
8	岩棉制品	60	30	0.134	0.114	11.63	0.0445	47.20	91.08
9	泡沫玻璃制品	60	30	0.144	0.114	11.63	0.0662	47.05	88.22
10	硅酸铝制品	60	30	0.134	0.114	11.63	0.0414	47.05	86.31
11	微孔硅酸钙制品	60	30	0.139	0.114	11.63	0.0592	47.20	94.11
12	憎水珍珠岩制品	60	30	0.144	0.114	11.63	0.0626	46.95	84.58

注：本条目计算式摘自《国家建筑标准设计图库》（03S401）总说明部分。

23. 绝热层热损失量限值

绝热层最大允许热损失量见表 13-2。

最大允许热损失量 **表 13-2**

设备、管道外表面温度 T_0（℃）	绝热层外表面最大允许热损失量[Q]（W/m²）	
	常年运行	季节运行
50	52	104
60	65	
100	84	147
150	104	183
200	126	220

注：1. 本条目摘自《工业设备及管道绝热工程设计规范》GB 50264—2013 附录 B，其中带字符边框者摘自《国家建筑标准设计图库》03S401 总说明部分；
2. 一般常年运行指一年运行时间 8000h，季节运行指一年运行时间 3000h。

24. 保温绝热层的选择

按 2008 年版白皮《建筑给水排水设计手册》第二版（上册）要求：热水供水、回水干管、立管及明设支管均应做保温处理；水加热设备、热水箱及热水供水、回水保温管段上的阀门管件等处均应做保温处理；暗装在垫层、墙槽内的热水支管可不做保温层，但其管材宜采用导热系数低、壁厚的热水型塑料管，当采用金属管时应采用钢塑复合管……。保温的目的在于减少系统的热损失，以节省能源。

选用绝热材料的一般要求是：材料愈轻热绝缘性能也愈好，应尽量选用孔隙多、密度小（即重量轻）的材料；热绝缘效能与它的含水率成反比，要保持热绝缘性能就必须避免被水浸湿，所以要选用吸水率小、性能稳定的产品；同时还要注意选用有一定的机械强度、不腐蚀金属、施工简便、价廉物美并能就地取材的材料。

按1992年版白皮《建筑给水排水设计手册》要求：导热系数应不大于0.139W/(m·℃)，材料的密度应不大于500kg/m^3，要有允许的使用温度。常用绝热材料性能详见表13-3。

常用绝热材料性能表　　　　表 13-3

序号	绝热材料名称	使用密度（kg/m^3）	使用温度范围（℃）
1	玻璃棉制品	45～90	≤300
2	超细玻璃棉制品	60～80	≤400
3	泡沫橡塑制品(PVC/NBR)	40～95	−40～105
4	酚醛泡沫制品(PF)	40～70	−180～150
5	复合硅酸盐制品	150～160	−40～800
6	聚氨酯泡沫制品	30～60	−80～110
7	聚乙烯泡沫制品(PEF)	30～50	−50～100
8	岩棉制品	61～200	≤350
9	泡沫玻璃制品	180	−200～400
10	硅酸铝制品	≤192	≤800
11	微孔硅酸钙制品	≤220	≤550
12	憎水珍珠岩制品	≤220	≤400

序号	耐火性能	导热系数参考方程[W/(m·℃)]	适用条件
1	A	$\lambda=0.031+0.00017t_m$	金属管、塑料管
2	A	$\lambda=0.025+0.00023t_m$	金属管、塑料管
3	B1、B2	$\lambda=0.038+0.00012t_m$	金属管、塑料管

续表

序号	耐火性能	导热系数参考方程 [W/(m·℃)]	适用条件
4	B1	$\lambda=0.0265+0.0000839t_m$	金属管、塑料管
5	A	$\lambda=0.048+0.00015t_m$	金属管、塑料管
6	B1、B2	$\lambda=0.0275+0.00009t_m$	金属管
7	B1、B2	$\lambda=0.034+0.00012t_m$	金属管、塑料管
8	A	$\lambda=0.036+0.00018t_m$	金属管、塑料管
9	A	$\lambda=0.061+0.00011t_m$	金属管
10	A	$\lambda=0.032+0.0002t_m$	金属管
11	A	$\lambda=0.054+0.00011t_m$	金属管
12	A	$\lambda=0.057+0.00012t_m$	金属管

注：表中 t_m 为绝热层内、外表面温度的算术平均值。

第14章 建筑消防

25.《建筑设计防火规范》GB 50016—2006 第8.4.3条规定

（1）室内消火栓栓口处的出水压力大于0.5MPa时，应设置减压设施。

原因是消火栓栓口处的出水压力超过50mH_2O时，水枪的反作用力大，1人难以操作。但为确保水枪有必要的有效射程，减压后消火栓栓口处的出水压力不应小于25mH_2O。

（2）室内消火栓栓口处的静水压力大于1.0MPa时，应采用分区给水系统。

如室内消火栓栓口处的静水压力过大，再加上扑救火灾过程中，水枪的开闭产生水锤作用，可能使给水系统中的设备受到破坏。

26. 室外消防给水管道的设置

室外消防给水系统按管网内的水压可分为高压、临时高压和低压消防给水系统三种。

按《建筑设计防火规范》要求：当采用高压或临时高压给水系统时，室外消防给水管道的供水压力应能保证用水总量达到最大且水枪在任何建筑物的最高处时，水枪的充实水柱不小于10m；当采用低压给水系统时，室外消火栓栓口处的水压从室外地面算起不应小于0.1MPa。

高压或临时高压室外消防给水管道、高层工业建筑的室内消防给水管道，为确保供水安全，与生产、生活给水管道应分开，并设置独立的消防给水管道。

调节构筑物的位置无论在高位还是在低位，城市、居住区、企业事业单位的室外消防给水，一般采用低压给水系统。为了维护管理方便和节约投资，消防给水管道宜与生产、生活给水管道合用一个给水系统。此时应保证在生产、生活用水量达到最大小时用水量时（淋浴用水量可按15%计算，浇洒及洗刷用水量可不计算在内），仍应保证全部消防用水量。即调节构筑物内消防储量应包括火灾时间内全部消防用水量、最大时生产、生活用水量以及最大时淋浴用水量的15%，并且非火灾时不被动用。

27. 消火栓设置位置

室内消火栓应设置在位置明显且易于操作的部位。在多层建筑内，消火栓布置在耐火的楼梯间中；在公共建筑内，消火栓布置在每层的楼梯处、走廊及大厅的出入口处；在生产建筑内，消火栓应尽量布置在出入口处。

28. 水枪的充实水柱

（1）同时使用水枪数量

①《建筑设计防火规范》第8.4.3条7款：室内消火栓的布置应保证每一个防火分区同层有两支水枪的充实水柱同时到达任何部位。建筑高度小于等于24m且体积小于等于5000m^3的多层仓库，可采用1支水枪充实水柱到达任何部位。②《汽车库停车场设计防火规范》7.1.8.2：Ⅳ类汽车库及Ⅲ、Ⅳ类修车库应保证一个消火栓的水枪充实水柱到达室内任何部位。③《高层民用建筑设计防火规范》7.4.2：消防竖管的布置，应保证同层相邻两个消火栓的水枪的充实水柱同时到达被保护范围内的任何部位。④由此可知，建筑室内消火栓系统除①、②外，其余均应保证有两支水枪的充实水柱同时到达任何部位。

（2）水枪充实水柱长度

火灾发生后，火场烟雾大（烟雾水平扩散速度为0.3～0.8m/s，竖向扩散速度为2～4m/s），且能见度低。为使水能射及火源和防止火焰热辐射烤伤消防人员，充实水柱应有一定的长度。在火灾扑救现场，水枪的上倾角一般不宜超过45°，在最不利情况下，也不能超过60°。若上倾角太大，着火物下落时会伤及灭火人员。

水枪充实水柱长度应根据建筑物层高通过计算确定，以保证水枪充实水柱能到达室内任何部位，包括顶棚。一般不应小于7m；但甲、乙类厂房，层数超过 6 层的公共建筑和层数超过 4 层的厂房（仓库），不应小于 10m；高层厂房（仓库），高架仓库，车站、码头、机场的候车（船、机）楼和展览建筑等，剧院、电影院、会堂、礼堂、体育馆等以及体积大于 25000m³ 的商店等，不应小于 13m。

（3）水枪充实水柱长度的计算方法（参见图 14-1）

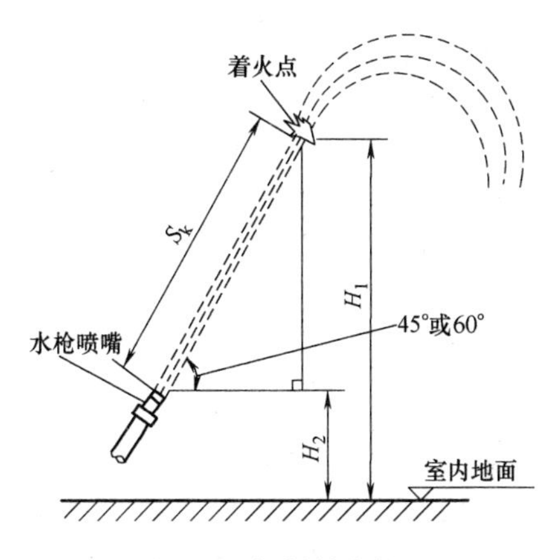

图 14-1　倾斜射流的 S_k

若按 45°计算，则充实水柱长度为：

$$S_k=\frac{H_1-H_2}{\sin45°}=1.41(H_1-H_2) \tag{14-1}$$

若按 60°计算，则充实水柱长度为：

$$S_k=\frac{H_1-H_2}{\sin60°}=1.16(H_1-H_2) \tag{14-2}$$

式中　S_k——水枪充实水柱的长度，m；

H_1——室内最高着火点离地面高度，m；

H_2——水枪喷嘴离地面高度，m，一般取 1m。

（4）直流水枪充实水柱技术数据（见表 14-1）

直流水枪充实水柱技术数据　　表 14-1

充实水柱(m)	不同喷嘴口径的压力和流量					
	13mm		16mm		19mm	
	压力(mH_2O)	流量(L/s)	压力(mH_2O)	流量(L/s)	压力(mH_2O)	流量(L/s)
6	8.1	1.7	8	2.5	7.5	3.5
7	9.6	1.8	9.2	2.7	9.0	3.8
8	11.2	2.0	10.5	2.9	10.5	4.1
9	13	2.1	12.5	3.1	12	4.3
10	15	2.3	14	3.3	13.5	4.6
11	17	2.4	16	3.5	15	4.9
12	19	2.6	17.5	3.8	17	5.2
12.5	21.5	2.7	19.5	4.0	18.5	5.4
13	24	2.9	22	4.2	20.5	5.7
13.5	26.5	3.0	24	4.4	22.5	6.0
14	29.6	3.2	26.5	4.6	24.5	6.2
15	33	3.4	29	4.8	27	6.5
15.5	37	3.6	32	5.1	29.5	6.8
16	41.5	3.8	35.5	5.3	32.5	7.1
17	47	4.0	39.5	5.6	33.5	7.5

注：1.《建筑设计防火规范》未明文规定水枪喷嘴口径，但《高层民用建筑设计防火规范》要求水枪喷嘴口径不应小于 19mm。

2. 1992 年版《建筑给水排水设计手册》第 2 章 2.1.4（9）：当消防水枪射流量小于 3L/s 时，应采用 50mm 口径的消火栓和水带，喷嘴 13～16mm 的水枪；大于 3L/s 时，宜采用 65mm 口径的消火栓和水带，喷嘴 19mm 的水枪。

29. 汽车库、修车库、停车场消防给水

（1）汽车库、修车库、停车场防火分类

汽车库、修车库、停车场防火分类　　表 14-2

类　别	Ⅰ	Ⅱ	Ⅲ	Ⅳ
汽车库	＞300 辆	151～300 辆	51～150 辆	≤50 辆
修车库	＞15 车位	6～15 车位	3～5 车位	≤2 车位
停车场	＞400 辆	251～400 辆	101～250 辆	≤100 辆

（2）车库耐火等级

1）地下汽车库的耐火等级应为一级。

2）甲、乙类物品[①]运输车的汽车库、修车库和Ⅰ、Ⅱ、Ⅲ类的汽车库、修车库的耐火等级不应低于二级。

3）Ⅳ类汽车库、修车库的耐火等级不应低于三级。

注①：甲、乙类物品的火灾危险性分类应按现行《建筑设计防火规范》GB 50016—2006 的规定执行。

（3）车库消防给水

1）符合下列条件之一的车库可不设消防给水系统：

① 耐火等级为一、二级且停车数不超过 5 辆的汽车库；

② Ⅳ类修车库；

③ 停车数不超过 5 辆的停车场。

2）充实水柱长度或最不利点消火栓的水压

① 当室外消防给水采用高压或临时高压时，最不利点水枪的充实水柱不应小于 10m；

② 当室外消防给水采用低压时，最不利点消火栓的水压不应小于 0.1MPa（从室外地下算起）。

3）车库消防用水量

① 室外消防用水量应按用水量最大的一座汽车库、修车库、停车场计算：Ⅰ、Ⅱ类车库 20L/s，Ⅲ类车库 15L/s，Ⅳ类车库 10L/s。

② 室内消防用水量：Ⅰ、Ⅱ、Ⅲ类汽车库及Ⅰ、Ⅱ类修车库的消防用水量不应小于 10L/s，应保证相邻两个消火栓的充实水柱同时到达室内任何部位。Ⅳ类汽车库及Ⅲ、Ⅳ类修车库的消防用水量不应小于 5L/s，且应保证一个消火栓的充实水柱到达室内任何部位。

30. 消防水池容量

当室外给水管网供水充足且在火灾情况下能保证连续补水时，消防水池的容量可减去火灾延续时间内补充的水量。上海市《民用建筑水灭火系统设计规程》规定：当设有两路及以上供水且在火灾情况下均能保证连续补水时，消防水池的容量可减去其中最小管径在火灾延续时间内补充的水量。计算从消防水池有效容积中扣除火灾延续时间内补水量时，流速宜取 1.00m/s 左右。

31. 自动喷水管道沿程水头损失计算

(1) 管道沿程水头损失计算公式（见表 14-3）

管道沿程水头损失计算公式汇总　　　表 14-3

<table>
<tr><th>序号</th><th>阶　段</th><th colspan="2">计算公式</th><th>符号意义</th></tr>
<tr><td>1</td><td>1968 年首次出版
《给水排水设计手册》</td><td colspan="2">$h=ALQ^2$</td><td rowspan="6">h—沿程水头损失(mH_2O)；
A—管道比阻值(S^2/L^2)；
Q—计算管段流量(L/s)。
i—单位长度水头损失(MPa)；
v—管内平均水流速度(m/s)；
d_j—管道计算内径，m</td></tr>
<tr><td>2</td><td>1973 年第二次出版
《给水排水设计手册》</td><td colspan="2">$h=ALQ^2$</td></tr>
<tr><td>3</td><td>1986 年第三次出版紫皮
《给水排水设计手册》</td><td colspan="2">$h=ALQ^2$</td></tr>
<tr><td>4</td><td>1992 年出版白皮
《建筑给水排水设计手册》</td><td colspan="2">$h=ALQ^2$</td></tr>
<tr><td rowspan="2">5</td><td rowspan="2">2008 年出版白皮
《建筑给水排水设计手册》
第二版(上册)</td><td>闭式</td><td>$i=0.0000107\dfrac{v^2}{d_j^{1.3}}$</td></tr>
<tr><td>开式</td><td>$h=ALQ^2$</td></tr>
</table>

1) 由表列得知：自新中国成立以来，到 2008 年《建筑给水排水设计手册》第二版出版发行，历时六十余年。多年来，自动喷水灭火系统在闭式和开式两个范畴，管道沿程水头损失均沿用 $h=ALQ^2$ 这一基本计算公式，也就是按比阻计算水头损失。由于自动喷水管材需采用钢管，故比阻 A 长期以来一直采用表 14-4～表 14-6 数值（1992 年版）。

外径≤165（即公称外径≤168.3）mm 的钢管的比阻 A 值　　表 14-4

公称直径 DN (mm)	外径 D (mm)	壁厚 (mm)	内径 d (mm)	计算内径 d_j (mm)	A(Q 单位为 m^3/s)	A(Q 单位为 L/s)
8	13.50	2.25	9.00	8.00	225513627	225.51
10	17.00	2.25	12.50	11.50	32949677	32.95
15	21.25	2.75	15.75	14.75	8809515	8.809

续表

公称直径 DN (mm)	外径 D (mm)	壁厚 (mm)	内径 d (mm)	计算内径 d_j (mm)	A(Q单位为 m^3/s)	A(Q单位为 L/s)
20	26.75	2.75	21.25	20.25	1642469	1.642
25	33.50	3.25	27.00	26.00	436708	0.4367
32	42.25	3.25	35.75	34.75	93862	0.09386
40	48.00	3.50	41.00	40.00	44528	0.04453
50	60.00	3.50	53.00	52.00	11085	0.01109
70	75.50	3.75	68.00	67.00	2893	0.002893
80	88.50	4.00	80.50	79.50	1168	0.001168
100	114.00	4.00	106.00	105.00	267.5	0.0002675
125	140.00	4.50	131.00	130.00	86.23	0.00008623
150	165.00	4.50	156.00	155.00	33.95	0.00003395

外径>165（即公称外径>168.3）mm 的钢管的比阻 A 值　　表 14-5

公称直径 DN (mm)	外径 D (mm)	壁厚 (mm)	内径 d (mm)	计算内径 d_j (mm)	A(Q单位为 m^3/s)	A(Q单位为 L/s)
175	194	10	174	173	18.96	0.00001896
200	219	10	199	198	9.273	0.000009273
225	245	10	225	224	4.822	0.000004822
250	273	10	253	252	2.583	0.000002583
275	299	10	279	278	1.535	0.000001535
300	325	10	305	305	0.9392	0.0000009392
325	351	10	331	331	0.6088	0.0000006088
350	377	10	357	357	0.4078	0.0000004078

铸铁管的比阻 A 值　　表 14-6

公称直径 DN (mm)	内径 d (mm)	计算内径 d_j (mm)	A(Q单位为 m^3/s)	A(Q单位为 L/s)
50	50	49	15188	0.01519
75	75	74	1708.5	0.001709

续表

公称直径 DN (mm)	内径 d (mm)	计算内径 d_j (mm)	A(Q 单位为 m^3/s)	A(Q 单位为 L/s)
100	100	99	365.33	0.0003653
125	125	124	110.77	0.0001108
150	150	149	41.847	0.00004185
200	200	199	9.029	0.000009029
250	250	249	2.752	0.000002752
300	300	300	1.0252	0.000001025
350	350	350	0.4529	0.0000004529

注：1. 钢管及铸铁管的比阻 A 值均采用管道计算内径。关于计算内径 d_j：公称直径<300mm 的钢管及铸铁管，考虑锈蚀和沉淀的影响，其内径应减去 1mm 计算。对于直径≥300mm 的管道，这种直径的减小没有实际意义，可不考虑。本书列表为使读者更加明白易懂，钢管依次增列外径 D、壁厚、内径 d、计算内径 d_j，铸铁管依次增列内径 d、计算内径 d_j。

2. 关于壁厚：外径≤165mm 的钢管，壁厚类同既往普通水煤气钢管；外径>165mm 的钢管，壁厚均采用 10mm，使用中如需精确计算，可按 2008 年版《建筑给水排水设计手册》第二版（下册）表 19.1-2/3 对本书所列 A 值加以修正或直接按其壁厚相对应的计算内径 d_j 求算 A 值。

3. 表列 A 值均按公式 $A=\frac{i}{Q^2}=\frac{0.001736}{d_j^{5.3}}$ 运算求得。

按比阻计算水头损失时，公式 $A=\frac{0.001736}{d_j^{5.3}}$ 只适用于平均水流速度 $v\geqslant 1.2$m/s 的情况。当 $v<1.2$m/s 时，表中的比阻 A 值应乘以修正系数 K_3。K_3 可按下式计算：

$$K_3=0.852\left(1+\frac{0.867}{v}\right)^{0.3} \tag{14-3}$$

修正系数 K_3 值，参见表 14-7。

钢管和铸铁管 A 值的修正系数 K_3　　表 14-7

v(m/s)	0.2	0.25	0.3	0.35	0.4	0.45	0.5	0.55	0.6
K_3	1.41	1.33	1.28	1.24	1.20	1.175	1.15	1.13	1.15
v(m/s)	0.65	0.7	0.75	0.8	0.85	0.9	1.0	1.1	<1.2
K_3	1.10	1.085	1.07	1.06	1.05	1.04	1.03	1.015	1.00

2）2008年版白皮《建筑给水排水设计手册》第二版：闭式自动喷水灭火系统，管道沿程水头损失采用 $i=0.0000107\dfrac{v^2}{d_j^{1.3}}$ 这一常用计算式，按水力坡降计算水头损失。这与《自动喷水灭火系统设计规范》GB 50084—2001（2005年版）的要求，每米管道的水头损失应按 $i=0.0000107\dfrac{v^2}{d_j^{1.3}}$ 式计算是一致的，同时与《国家建筑标准设计图库》中“全国民用建筑工程设计技术措施”的规定是完全一致的。开式自动喷水灭火系统，管道沿程水头损失仍然沿用 $h=ALQ^2$ 这一基本计算公式，以比阻计算水头损失。

3）i 即单位长度水头损失（亦称每米管道的水头损失），据此 $h=ALQ^2$ 可写成 $i=AQ^2$。为此，$A=\dfrac{i}{Q^2}$。

将 $i=0.00107\dfrac{v^2}{d_j^{1.3}}$ 代入 $A=\dfrac{i}{Q^2}$ 中，经以下换算即可导出 $A=\dfrac{0.001736}{d_j^{5.3}}$。上表管道比阻 A 值即以此式求得。不难看出：按比阻计算水头损失和按水力坡降计算水头损失如出一辙，其计算结果应大致相同。

$$A=\frac{i}{Q^2}=\frac{0.00107\dfrac{v^2}{d_j^{1.3}}}{Q^2}=\frac{0.00107\dfrac{v^2}{d_j^{1.3}}}{\left(\dfrac{\pi}{4}d_j^2\cdot v\right)^2}=\frac{0.00107\dfrac{v^2}{d_j^{1.3}}}{(0.785d_j^2\cdot v)^2}$$

$$=\frac{0.00107\dfrac{v^2}{d_j^{1.3}}}{0.616225d_j^4\cdot v^2}=\frac{0.00107\div 0.616225}{d_j^{5.3}}$$

$$=\frac{0.0017363788}{d_j^{5.3}}=\frac{0.001736}{d_j^{5.3}}$$

（2）自动喷水管道局部水头损失计算（见表14-8）

管道的局部水头损失　　表 14-8

序号	阶　段	局部水头损失	
		闭式	开式
1	1968 年首次出版《给水排水设计手册》	按沿程水头损失的 20%取用	
2	1973 年第二次出版《给水排水设计手册》	按沿程水头损失的 20%取用	
3	1986 年第三次出版紫皮《给水排水设计手册》	按沿程水头损失的 20%取用	
4	1992 年出版白皮《建筑给水排水设计手册》	按沿程水头损失的 20%取用	
5	2008 年出版白皮《建筑给水排水设计手册》第二版(上册)	管道的局部水头损失宜采用当量长度法计算①	按沿程水头损失的 20%取用

① 这与《自动喷水灭火系统设计规范》GB 50084—2001（2005 年版）附录 C 的要求是一致的，当量长度详见表 14-9。

当量长度（m）　　表 14-9

管件阀门名称	管件阀门直径(mm)								
	25	32	40	50	70	80	100	125	150
45°弯头	0.3	0.3	0.6	0.6	0.9	0.9	1.2	1.5	2.1
90°弯头	0.6	0.9	1.2	1.5	1.8	2.1	3.1	3.7	4.3
三通或四通	1.5	1.8	2.4	3.1	3.7	4.6	6.1	7.6	9.2
蝶阀	—	—	—	1.8	2.1	3.1	3.7	2.7	3.1
闸阀	—	—	—	0.3	0.3	0.3	0.6	0.6	0.9
止回阀	1.5	2.1	2.7	3.4	4.3	4.9	6.7	8.3	9.8
异径接头	32/25	40/32	50/40	70/50	80/70	100/80	125/100	150/125	200/150
	0.2	0.3	0.3	0.5	0.6	0.8	1.1	1.3	1.6

注：1. 过滤器当量长度的取值，由生产厂提供。

2. 当异径接头的出口直径不变而入口直径提高 1 级时，其当量长度应增大 0.5 倍；提高 2 级或 2 级以上时，其当量长度应增大 1.0 倍。

32. 城镇消防站的布局

我国《城镇消防站布局与技术装备配备标准》第 1.0.3 条：城镇消防站的布局，应以消防队尽快到达火场，即从接警起 5min 内到达责任区最远点为一般原则。

33. 国家规定哪些单位应当建立专职消防队

我国《企业事业单位专职消防队组织条例》第二章第五条规定下列单位应当建立专职消防队：

(1) 火灾危险性大，距离当地公安消防队（站）较远的大、中型企业事业单位；

(2) 重要的港口、码头、飞机航站；

(3) 专用仓库、储油或储气基地；

(4) 国家列为重点文物保护的古建筑群；

(5) 当地公安消防监督部门认为应当建立专职消防队的其他单位。

34. 储存物品的火灾危险性分类及举例

(1) 储存物品的火灾危险性分类

表 14-10

储存物品类别	储存物品的火灾危险性特征
甲	1. 闪点小于 28℃的液体； 2. 爆炸下限小于 10%的气体，以及受到水或空气中水蒸气的作用，能产生爆炸下限小于 10%气体的固体物质； 3. 常温下能自行分解或在空气中氧化能导致迅速自燃或爆炸的物质； 4. 常温下受到水或空气中水蒸气的作用，能产生可燃气体并引起燃烧或爆炸的物质； 5. 遇酸、受热、撞击、摩擦以及遇有机物或硫磺等易燃的无机物，极易引起燃烧或爆炸的强氧化剂； 6. 受撞击、摩擦或与氧化剂、有机物接触时能引起燃烧或爆炸的物质
乙	1. 闪点大于等于 28℃，但小于 60℃的液体； 2. 爆炸下限大于等于 10%的气体； 3. 不属于甲类的氧化剂； 4. 不属于甲类的化学易燃危险固体； 5. 助燃气体； 6. 常温下与空气接触能缓慢氧化，积热不散引起自燃的物品

续表

储存物品类别	储存物品的火灾危险性特征
丙	1. 闪点大于等于 60℃的液体； 2. 可燃固体
丁	难燃烧物品
戊	不燃烧物品

注：本表摘自《建筑设计防火规范》GB 50016—2006 表 3.1.3。

(2)《建筑设计防火规范》GBJ 16-87（2001 年版）附录四

储存物品的火灾危险性分类举例　　　表 14-11

储存物品类别	举　例
甲	1. 己烷、戊烷、石脑油、环戊烷、二硫化碳、苯、甲苯、甲醇、乙醇、乙醚、蚁酸甲酯、醋酸甲酯、硝酸乙酯、汽油、丙酮、丙烯、乙醛（乙醚‘错’）、60 度以上的白酒； 2. 乙炔、氢、甲烷、乙烯、丙烯、丁二烯、环氧乙烷、水煤气、硫化氢、氯乙烯、液化石油气、电石、碳化铝； 3. 硝化棉、硝化纤维胶片、喷漆棉、火胶棉、赛璐珞棉、黄磷； 4. 金属钾、钠、锂、钙、锶、氢化锂、四氢化锂铝、氢化钠； 5. 氯酸钾、氯酸钠、过氧化钾、过氧化钠、硝酸铵； 6. 赤磷、五硫化磷、三硫化磷
乙	1. 煤油、松节油、丁烯醇、异戊醇、丁醚、醋酸丁酯、硝酸戊酯、乙酰丙酮、环己胺、溶剂油、冰醋酸、樟脑油、蚁酸； 2. 氨气、液氯； 3. 硝酸铜、铬酸、亚硝酸钾、重铬酸钠、铬酸钾、硝酸、硝酸汞、硝酸钴、发烟硫酸、漂白粉； 4. 硫磺、镁粉、铝粉、赛璐珞板（片）、樟脑、萘、生松香、硝化纤维漆布、硝化纤维色片； 5. 氧气、氟气； 6. 漆布及其制品、油布及其制品、油纸及其制品、油绸及其制品
丙	1. 动物油、植物油、沥青、蜡、润滑油、机油、重油，闪点≥60℃的柴油、糠醛（糖醛‘错’）、>50 度且<60 度的白酒； 2. 化学、人造纤维及其织物，纸张，棉、毛、丝、麻及其织物，谷物、面粉，天然橡胶及其制品，竹、木及其制品，中药材，电视机、收录机等电子产品，计算机房已录数据的磁盘储存间，冷库中的鱼、肉间
丁	自熄性塑料及其制品、酚醛泡沫塑料及其制品、水泥刨花板
戊	钢材、铝材、玻璃及其制品、搪瓷制品、陶瓷制品、不燃气体、玻璃棉、岩棉、陶瓷棉、硅酸铝纤维、矿棉、石膏及其无纸制品、水泥、石、膨胀珍珠岩

(3)《上海市仓库防火管理规定》甲、乙、丙、丁、戊类物品的火灾危险性特征及举例

各类物品的火灾危险性特征及举例　　表 14-12

储存物品类别	火灾危险性特征及举例
甲	1. 闪点＜28℃的液体：己烷、戊烷、石脑油、环二戊烷（环戊烷）、硫化碳（二硫化碳）、苯、甲苯、甲醇、乙醇、乙醚、硝酸乙酯、蚁酸甲酯、醋酸甲酯、汽油、丙酮、丙烯腈、乙醛、60 度以上白酒； 2. 爆炸下限小于 10%的气体，以及受到水或空气中水蒸气的作用，能产生爆炸下限小于 10%气体的固体物质：乙炔、氢、甲烷、乙烯、丙烯、丁二烯、环氧乙烷、水煤气、硫化氢、氯乙烯、液化石油气、电石、碳化铝； 3. 常温下能自行分解或在空气中氧化能导致迅速自燃或爆炸的物质：硝化棉、硝化纤维胶片、喷漆棉、火胶棉、赛璐珞棉、黄磷； 4. 常温下受到水或空气中水蒸气的作用，能产生可燃气体并引起燃烧或爆炸的物质：金属钾、钠、锂、钙、锶、氢化锂、四氢化锂铝、氢化钠； 5. 遇酸、受热、撞击、摩擦以及遇有机物或硫磺等易燃的无机物，极易引起燃烧或爆炸的强氧化剂：氯酸钾、氯酸钠、过氧化钾、过氧化钠、硝酸钾（硝酸铵）； 6. 受撞击、摩擦或与氧化剂、有机物接触时能引起燃烧或爆炸的物质：赤磷、五硫化磷、三硫化磷
乙	1. 闪点大于等于 28℃，但小于 60℃的液体：煤油、松节油、丁烯醇、异戊醇、丙醚（丁醚）、醋酸丁酯、环己铵（环己胺）、冰醋酸、樟脑油、蚁酸、硝酸戊酯、乙酰丙酮； 2. 爆炸下限大于等于 10%的气体：氨气； 3. 不属于甲类的氧化剂：硝酸铜、铬酸、亚硝酸钾、重铬酸钠、铬酸钾、硝酸、硝酸汞、硝酸钴、发烟硫酸、漂白粉； 4. 不属于甲类的化学易燃危险固体：硫磺、镁粉、铝粉、赛璐珞板（片）、樟脑、萘、生松香、硝化纤维漆布、硝化纤维色片； 5. 助燃气体：氧气、氟气； 6. 常温下与空气接触能缓慢氧化，积热不散引起自燃的物品：桐油漆布及其制品（漆布及其制品）、油布及其制品、油纸及其制品、油绸及其制品 注：1. 缺溶剂油；2. 缺液氯
丙	1. 闪点大于等于 60℃的液体：动物油、植物油、沥青、蜡、润滑油、重油，闪点＞（≥）60℃的柴油、糠醛、＞50 度且＜60 度的白酒； 2. 可燃固体：化学、人造纤维及其织物，纸张，棉、毛、丝、麻及其织物，谷物、面粉，天然橡胶及其制品，竹、木及其制品，电视机、收录机等电子产品，计算机房已录数据的磁盘储存间，冷库中的鱼、肉间、中药材 注：缺机油

续表

储存物品类别	火灾危险性特征及举例
丁	难燃烧物品：自熄性塑料及其制品、酚醛泡沫塑料及其制品、水泥刨花板
戊	不燃烧物品：钢材、玻璃及其制品、搪瓷制品、不燃烧气体（不燃气体）、玻璃棉、岩棉、陶瓷棉、硅酸铝纤维、矿棉、石膏及其无纸制品、水泥、石、膨胀珍珠岩 注：缺铝材、陶瓷制品

注：1. 本表制作时表格形式有所变更并加注；

2. 代括弧者以括弧内数据为准。

35. 泡沫液分类

凡能够与水混溶，并通过化学反应或机械方法产生灭火泡沫的灭火药剂，称为泡沫灭火剂。泡沫灭火剂一般由发泡剂、泡沫稳定剂、降粘剂、抗冻剂、助溶剂、防腐剂及水组成。泡沫灭火剂主要用于扑救非水溶性可燃液体及一些固体火灾。特殊的泡沫灭火剂（如抗溶泡沫液）还可用于扑救水溶性可燃液体火灾。

按照生成泡沫的机理，泡沫灭火剂可以分为化学泡沫灭火剂和空气泡沫灭火剂两大类。化学泡沫灭火剂主要用于充填100L以下的小型泡沫灭火器（如MP型、MPT型），用以扑救小型初期火灾。泡沫灭火系统以采用空气泡沫灭火剂为主，其空气泡沫灭火的原理是：泡沫液与水通过特制的比例混合器混合成泡沫混合液，经泡沫发生器与空气混合产生泡沫，再通过不同的方式最后覆盖在燃烧物质的表面或者充满发生火灾的整个空间形成泡沫层。

空气泡沫灭火剂按泡沫的发泡倍数，分为低倍数泡沫、中倍数泡沫和高倍数泡沫三类。发泡倍数≤20的称为低倍数泡沫；发泡倍数为21～200的称为中倍数泡沫；发泡倍数为201～1000的称为高倍数泡沫。

根据发泡剂的类型和用途，低倍数泡沫灭火剂又可分为蛋白泡沫、氟蛋白泡沫、水成膜泡沫（亦称为“轻水”泡沫或氟化学泡沫）、合成泡沫和抗溶性泡沫五种类型。中、高倍数泡沫属于合成泡沫。

蛋白泡沫灭火剂是由动、植物的硬蛋白质（牛、马、羊、猪的蹄角、毛血或豆饼、菜籽饼等）在碱液的作用下，经部分水解后，再加工浓缩而成的液体。它的主要成分是水和水解蛋白。氟蛋白泡沫灭火剂是蛋白泡沫液中加入适量的“6201”氟碳表面活性剂后形成的。水成膜泡沫灭火剂由氟碳表面活性剂、无氟表面活性剂和改进泡沫性能的添加剂及水组成。抗溶性泡沫灭火剂是以水解蛋白为基料，添加辛酸胺（氨）的络合盐制成。

空气泡沫灭火剂在灭火中的作用主要为：

（1）灭火泡沫在燃烧物表面形成的泡沫覆盖层，可使燃烧物表面与空气隔绝。

（2）泡沫覆盖层封闭了燃烧物表面，可以遮断火焰的热辐射，阻止燃烧物本身和附近可燃物质的蒸发。

（3）泡沫析出的液体对燃烧物表面进行冷却。

（4）泡沫受热蒸发产生的水蒸气可以降低燃烧物附近氧的浓度。

《泡沫灭火系统设计规范》2.1.1 称泡沫液（灭火剂）为：可按适宜的混合比与水混合形成泡沫溶液的浓缩液体。泡沫液分类详见表 14-13。

泡沫液分类　　　　表 14-13

类别	名称		型号	混合比[①]（%）	发泡倍数	适用范围
低倍数泡沫液	蛋白泡沫液	6%植物蛋白泡沫液	YF6	6	7～9	适用于非水溶性甲、乙、丙类液体
		6%动物蛋白泡沫液				
		3%动物蛋白泡沫液	YF3	3		
	氟蛋白泡沫液		YEF3	3	8.6	适用于非水溶性甲、乙、丙类液体
			YEF6	6	8.5	
	水成膜泡沫液		AFFF	1、3、6	液上喷射：6～10 液下喷射：2～4 喷淋：6～10	适用于非水溶性甲、乙、丙类液体
			FFFP	3、6		

续表

<table>
<tr><th>类别</th><th colspan="2">名　　称</th><th>型号</th><th>混合比[①]（%）</th><th>发泡倍数</th><th>适用范围</th></tr>
<tr><td rowspan="3">低倍数泡沫液</td><td rowspan="3">抗溶性泡沫液</td><td>金属皂型抗溶性泡沫液</td><td>KR-765</td><td>6～7</td><td>≥6</td><td>适用于水溶性甲、乙、丙类液体。主要适用于扑救乙醇、甲醇、丙酮、醋酸乙醇类液体火灾。但不宜用于扑救低沸点醛、醚及有机酸、胺类等液体火灾</td></tr>
<tr><td>凝胶型抗溶性泡沫液</td><td>YEKJ-6A</td><td>≥6</td><td></td><td>用于扑救醇、酯、酮、醛、醚、胺、有机酸等极性溶剂的火灾，并可用来扑救非极性的烃类（油品）火灾</td></tr>
<tr><td>抗溶氟蛋白泡沫液</td><td>YEDF-6</td><td>6</td><td></td><td>适用于非水溶性、水溶性甲、乙、丙类液体</td></tr>
<tr><td colspan="3" rowspan="2">中倍数泡沫液</td><td>YEZ(8)A</td><td></td><td></td><td rowspan="2">主要用来扑救油罐火灾</td></tr>
<tr><td>YEZ(8)B</td><td></td><td></td></tr>
<tr><td rowspan="7">高倍数泡沫液</td><td colspan="2" rowspan="4">淡水型</td><td>YEGZ3A</td><td>3</td><td rowspan="2">400～750</td><td rowspan="7">主要适用于扑救非水溶性可燃、易燃液体的火灾和一般固体物质的火灾。此外，还用作阻止一些特殊液体的挥发，起到防止着火的作用</td></tr>
<tr><td>YEGZ6A</td><td>6</td></tr>
<tr><td>YEGD3</td><td>3</td><td>660</td></tr>
<tr><td>YEGD6</td><td>6</td><td>665</td></tr>
<tr><td colspan="2" rowspan="3">海水型</td><td>YEGZ3D</td><td>3</td><td>590～770</td></tr>
<tr><td>YEGZ6D</td><td>6</td><td>670～880</td></tr>
<tr><td>YEGH6</td><td>6</td><td>510</td></tr>
</table>

注：① 混合比为泡沫液在泡沫混合液中所占的体积百分比。

36. 液上式半固定泡沫灭火系统图示及计算举例

液上式半固定泡沫灭火系统：是由水源或消火栓、泡沫消防车、消防水带、泡沫混合液管线和空气泡沫产生器等组成的泡沫灭火系统。

（1）系统适用范围

1）机动消防设施较强的企业附属甲、乙、丙类液体储罐区；

2）石油化工生产装置区火灾危险性大的场所。

（2）系统设置要求

1）储罐区应有足够的消防力量和充足的消防水源；

2）预留接口应设在防火堤外，接口上应有闷盖。

（3）图示

液上式半固定泡沫灭火系统正视图如图 14-2 所示，液上式半固定泡沫灭火系统示意图如图 14-3 所示。

（4）工作原理框图

火灾 —自动或人工→ 报警 —调动→ 泡沫消防车 —消防水源 混合液→ 预留接口 —管网→ 泡沫产生器 —吸入空气→ 泡沫 → 灭火

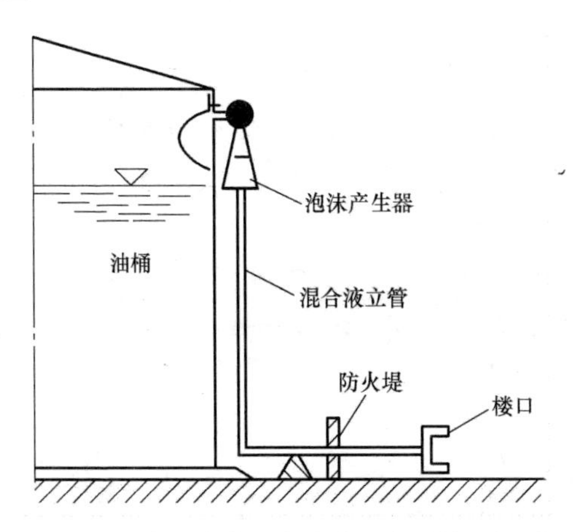

图 14-2　液上式半固定泡沫灭火系统正视图

（5）计算举例

1）概述

着火罐为 2 座 $80m^3$ 甲类液态油品，距着火罐罐壁 1.5 倍直径范围内的相邻罐为 $50m^3$ 油相罐。

着火罐罐顶面积（$0.785\times4.812^2=$）$18.18m^2$。

着火罐周长（$3.14\times4.812=$）15.11m，相邻罐周长的一半

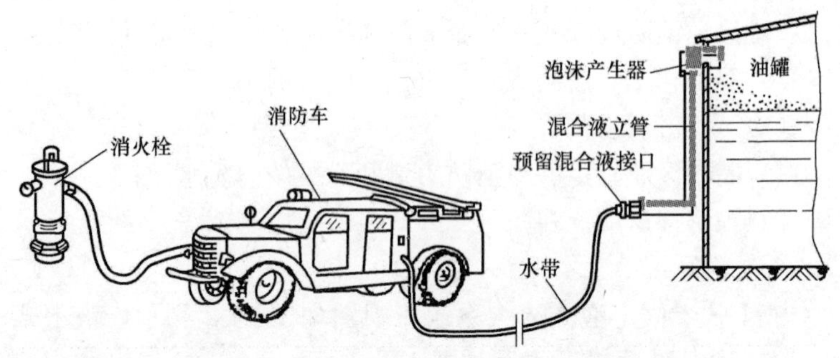

图 14-3　液上式半固定泡沫灭火系统示意

（油品罐 15.11÷2=7.56m、油相罐 3.14×4.012÷2=6.30m）。

消防措施：液上式半固定低倍数蛋白泡沫液灭火，移动式水枪冷却。

2）灭火用水量计算

① 计算参数

非水溶性：蛋白泡沫液供给强度 6.0L/(min·m^2)，甲类液体连续供给时间 40min；蛋白泡沫液混合比 6%，发泡倍数 8。

② 泡沫液、泡沫混合液用量，泡沫体积等

泡沫液用量：18.18×6.0×40÷1000=4.36m^3；

泡沫混合液用量：4.36÷6%=4.36÷6×100=72.67m^3；

泡沫体积：72.67×8=581.36m^3。

③ 灭火用水量

4.36÷6×(100−6)=4.36÷6×94=68.31m^3；

或：72.67×94%=68.31m^3。

3）冷却用水量计算

① 计算参数

着火罐冷却水供给强度 0.60L/(s·m)，供给范围为罐周长；相邻罐（保温）冷却水供给强度 0.20L/(s·m)，供给范围为罐周长的一半；延续时间 4h。

② 冷却用水量

[15.11×0.60+(7.56+6.30)×0.20]×3.6×4=170.47m^3。

4）泡沫灭火系统一次消防用水量：68.31+170.47=238.78m^3。

第15章　水源选择及其他

37. 生活饮用水水源的选择

(1)《生活饮用水卫生标准》关于生活饮用水水源水质分级：① 一级水源水：水质良好，地下水只需消毒处理，地表水经简易净化处理（如过滤）、消毒后即可供生活饮用。② 二级水源水：水质受轻度污染，经常规净化处理（如絮凝、沉淀、过滤、消毒等），其水质即可达到GB 5749规定，可供生活饮用。③ 水质浓度超过二级标准限值的水源水，不宜作为生活饮用水的水源。若限于条件需加以利用时，应采用相应的净化工艺进行处理。处理后的水质应符合GB 5749，并取得省、市、自治区卫生厅（局）及主管部门批准。生活饮用水水源的水质不应超过表15-1规定的限值。

生活饮用水水源的水质标准限值要求　　表15-1

序号	项　　目	一　级	二　级
1	色度	色度不超过15度，并不得呈现其他异色	不应有明显的其他异色
2	浑浊度(度)	≤3	
3	嗅和味	不得有异臭、异味	不应有明显的异臭、异味
4	pH值	6.5～8.5	6.5～8.5
5	总硬度(以碳酸钙计)　(mg/L)	≤350	≤450
6	溶解铁　(mg/L)	≤0.3	≤0.5
7	锰　(mg/L)	≤0.1	≤0.1
8	铜　(mg/L)	≤1.0	≤1.0
9	锌　(mg/L)	≤1.0	≤1.0
10	挥发酚(以苯酚计)　(mg/L)	≤0.002	≤0.004

续表

序号	项目		一级	二级
11	阴离子合成洗涤剂	(mg/L)	≤0.3	≤0.3
12	硫酸盐	(mg/L)	<250	<250
13	氯化物	(mg/L)	<250	<250
14	溶解性总固体	(mg/L)	<1000	<1000
15	氟化物	(mg/L)	≤1.0	≤1.0
16	氰化物	(mg/L)	≤0.05	≤0.05
17	砷	(mg/L)	≤0.05	≤0.05
18	硒	(mg/L)	≤0.01	≤0.01
19	汞	(mg/L)	≤0.001	≤0.001
20	镉	(mg/L)	≤0.01	≤0.01
21	铬(六价)	(mg/L)	≤0.05	≤0.05
22	铅	(mg/L)	≤0.05	≤0.07
23	银	(mg/L)	≤0.05	≤0.05
24	铍	(mg/L)	≤0.0002	≤0.0002
25	氨氮(以氮计)	(mg/L)	≤0.5	≤1.0
26	硝酸盐(以氮计)	(mg/L)	≤10	≤20
27	耗氧量($KMnO_4$ 法)	(mg/L)	≤3	≤6
28	苯并(a)芘	(μg/L)	≤0.01	≤0.01
29	滴滴涕	(μg/L)	≤1	≤1
30	六六六	(μg/L)	≤5	≤5
31	百菌清	(mg/L)	≤0.01	≤0.01
32	总大肠菌群	(个/L)	≤1000	≤10000
33	总 α 放射性	(Bq/L)	≤0.1	≤0.1
34	总 β 放射性	(Bq/L)	≤1	≤1

(2)《地表水环境质量标准》GB 3838—2002 关于水域功能分类：Ⅰ类主要适用于源头水、国家自然保护区。Ⅱ类主要适用于集中式生活饮用水地表水源地一级保护区、珍稀水生生物栖息地、鱼虾类产卵场、仔稚幼鱼的索饵场等。Ⅲ类主要适用于集中式生活饮用水地表水源地二级保护区、鱼虾类越冬场、洄游通

道、水产养殖区等渔业水域及游泳区。Ⅳ类主要适用于一般工业用水区及人体非直接接触的娱乐用水区。Ⅴ类主要适用于农业用水区及一般景观要求水域。

同一水域兼有多类功能的，依最高功能划分类别。有季节性功能的，可分季划分类别。地表水环境质量标准详见表 15-2。

地表水环境质量标准（mg/L）　　　　表 15-2

序号	项　目		Ⅰ类	Ⅱ类	Ⅲ类	Ⅳ类	Ⅴ类
	基本要求		所有水体不应有非自然原因所导致的下述物质：1. 凡能沉淀而形成令人厌恶的沉淀物；2. 漂浮物，诸如碎片、浮渣、油类或其他的一些引起感官不快的物质；3. 产生令人厌恶的色、臭、味或浑浊度的；4. 对人类、动物或植物有损害、毒性或不良生理反应的；5. 易滋生令人厌恶的水生生物的				
1.	水温（℃）		人为造成的环境水温变化应限制在：夏季周平均最大温升≤1；冬季周平均最大温降≤2				
2	pH		6～9				
3	硫酸盐①（以 SO_4^{2-} 计）	≤	250 以下	250	250	250	250
4	氯化物①（以 Cl^- 计）	≤	250 以下	250	250	250	250
5	溶解性铁	≤	0.3 以下	0.3	0.5	0.5	1.0
6	总锰	≤	0.1 以下	0.1	0.1	0.5	1.0
7	总铜	≤	0.01 以下	1.0（渔 0.01）	1.0（渔 0.01）	1.0	1.0
8	总锌	≤	0.05	1.0（渔 0.1）	1.0（渔 0.1）	2.0	2.0
9	硝酸盐（以 N 计）	≤	10 以下	10	20	20	25
10	亚硝酸盐（以 N 计）	≤	0.06	0.1	0.15	1.0	1.0
11	非离子氨	≤	0.02	0.02	0.02	0.2	0.2
12	凯氏氮	≤	0.5	0.5	1	2	2
13	总磷（以 P 计）	≤	0.02	0.1（湖、库 0.028）	0.1（湖、库 0.05）	0.2	0.2
14	高锰酸盐指数	≤	2	4	6	8	10

续表

序号	项目		Ⅰ类	Ⅱ类	Ⅲ类	Ⅳ类	Ⅴ类
15	溶解氧	≤	饱和率 90%	6	5	3	2
16	化学需氧量(COD_{Cr})	≤	15以下	15以下	15	20	25
17	生化需氧量(BOD_5)	≤	3以下	3	4	6	10
18	氟化物(以F^-计)	≤	1.0以下	1.0	1.0	1.5	1.5
19	硒(四价)	≤	0.01以下	0.01	0.01	0.02	0.02
20	总砷	≤	0.05	0.05	0.05	0.1	0.1
21	总汞②	≤	0.00005	0.00005	0.0001	0.001	0.001
22	总镉②	≤	0.001	0.005	0.005	0.005	0.01
23	铬(六价)	≤	0.01	0.05	0.05	0.05	0.1
24	总铅②	≤	0.01	0.05	0.05	0.05	0.1
25	总氰化物	≤	0.005	0.05(渔0.005)	0.2(渔0.005)	0.2	0.2
26	挥发酚②	≤	0.002	0.002	0.005	0.01	0.1
27	石油类②(石油醚萃取)	≤	0.05	0.05	0.05	0.5	1.0
28	阴离子表面活性剂	≤	0.2以下	0.2	0.2	0.3	0.3
29	总大肠菌群③(个/L)	≤				10000	
30	苯并(a)芘③(μg/L)	≤	0.0025	0.0025	0.0025		

① 允许根据地方水域背景值特征做适当调整的项目。

② 规定分析检测方法的最低检出限，达不到基本要求。

③ 试行标准。

（3）各类地表水按生活饮用水水源的水质要求排序（择去未比项）并与其比较对照，见表15-3。

各类地表水比较对照 **表15-3**

序号	项目	一级水源水/Ⅰ类地表水	二级水源水/Ⅱ、Ⅲ、Ⅳ、Ⅴ类地表水
6	溶解铁 (mg/L)	≤0.3/≤0.3	≤0.5/(≤)0.3、0.5、0.5、[1.0]
7	锰 (mg/L)	≤0.1/≤0.1	≤0.1/(≤)0.1、0.1、[0.5]、[1.0]

续表

序号	项目		一级水源水/Ⅰ类地表水	二级水源水/Ⅱ、Ⅲ、Ⅳ、Ⅴ类地表水
8	铜	(mg/L)	≤1.0/≤0.1	≤1.0/(≤)1.0、1.0、1.0、1.0
9	锌	(mg/L)	≤1.0/≤0.05	≤1.0/(≤)1.0、1.0、2.0、2.0
10	挥发酚(以苯酚计)	(mg/L)	≤0.002/≤0.002	≤0.004/(≤)0.002、0.005、0.01、0.1
11	阴离子合成洗涤剂	(mg/L)	≤0.3/≤0.2	≤0.3/(≤)0.2、0.2、0.3、0.3
12	硫酸盐	(mg/L)	<250/≤250	<250/(≤)250、250、250、250
13	氯化物	(mg/L)	<250/≤250	<250/(≤)250、250、250、250
15	氟化物	(mg/L)	≤1.0/≤1.0	≤1.0/(≤)1.0、1.0、1.5、1.5
16	氰化物	(mg/L)	≤0.05/≤0.005	≤0.05/(≤)0.05、0.2、0.2、0.2
17	砷	(mg/L)	≤0.05/≤0.05	≤0.05/(≤)0.05、0.05、0.1、0.1
18	硒	(mg/L)	≤0.01/≤0.01	≤0.01/(≤)0.01、0.01、0.02、0.02
19	汞	(mg/L)	≤0.001/≤0.00005	≤0.001/(≤)0.00005、0.0001、0.001、0.001
20	镉	(mg/L)	≤0.01/≤0.001	≤0.01/(≤)0.005、0.005、0.005、0.01
21	铬(六价)	(mg/L)	≤0.05/≤0.01	≤0.05/(≤)0.05、0.05、0.05、0.1
22	铅	(mg/L)	≤0.05/≤0.01	≤0.07/(≤)0.05、0.05、0.05、0.1
26	硝酸盐(以氮计)	(mg/L)	≤10/≤10	≤20/(≤)10、20、20、25
27	耗氧量($KMnO_4$法)	(mg/L)	≤3/≤2	≤6/(≤)4、6、8、10
28	苯并(a)芘	(μg/L)	≤0.01/≤0.0025	≤0.01/(≤)0.0025、0.0025、—、—
32	总大肠菌群	(个/L)	≤1000/—	≤10000/(≤)—、10000、—、—

注：字符方框内为超标项。

由本表比较对照得知：

Ⅰ类地表水水质良好，适用于一级水源水。地下水只需消毒处理，地表水经简易过滤、消毒处理后即可供生活饮用。

Ⅱ类地表水水质较好，适用于二级水源水。由于受轻度污染，经常规净化处理（如絮凝、沉淀、过滤、消毒等），可供生活饮用。

Ⅲ类地表水适用于集中式生活饮水水源地二级保护区、一般鱼类保护区及游泳区。作为生活饮水水源两项超标。Ⅳ类地表水适用于一般工业用水区及人体非直接接触的娱乐用水区。作为生活饮水水源八项超标。Ⅴ类地表水适用于农业用水区及一般景观要求水域。作为生活饮水水源十二项超标。这三类水域水质浓度超过二级标准限值，不宜作为生活饮用水的水源。由于条件限制必须利用时，应采用相应的净化工艺进行处理。处理后的水质应符合 GB 5749—2006 的规定，并取得省、市、自治区卫生厅（局）及主管部门批准。

38. 直通式地漏使用事宜

安装方式依次为甲型、乙型、丙型，甲型（粘接连接）适用于硬聚氯乙烯类排水塑料管，乙型（法兰压盖承插连接）和丙型（卡箍连接）适用于离心铸铁排水管。《建筑排水设备附件选用安装》04S301 指出直通式地漏仅用于地面及洗衣机排水。采用时应注意五点：①甲型连接方式只适用于塑料管；②甲Ⅰ型、乙Ⅰ型、丙Ⅰ型适用于排入明沟或水封井；③甲Ⅱ型、乙Ⅱ型、丙Ⅱ型 S 型存水弯应用于地面（底层）；④甲Ⅲ型、乙Ⅲ型、丙Ⅲ型 P 型存水弯应用于楼层；⑤该类地漏不具备清扫功能，排水横管应在端头设单向清通的清扫口。

39. 火工品工厂和民用爆破器材工程危险品生产工房中，管线设计时应注意的事项

① 抗爆间之间或抗爆间与相邻工作间之间不应设地沟相通；② 输送有燃烧爆炸危险物料的管线，在未设隔火隔爆措施的条件下，不应通过或进出抗爆间；③ 水管、蒸汽管、压空管、电

缆管等没有燃烧爆炸危险物料的管道通过或进出抗爆间时，应在穿墙处采取密封措施。

据此：给水管穿过抗爆间现浇钢筋混凝土墙体时，应采取密封措施（即阻火圈）；排水管沟应尽可能沿朝向室外的泄爆一面布置，抗爆间内采用地沟排水或设置地漏用管道排放，均应通过泄爆面进入抗爆屏院，屏院内按内网设计，最终酌情排至厂区排水系统。

40. 硝酸铵的用途及储存

(1) 硝酸铵的性能

1) 氨气常态为气态（又称液氨），是有毒易燃易爆气体，与空气混合易形成爆炸性混合物。遇明火、高热能引起燃烧爆炸。因此，存储须严加密闭。

氨是一种重要的化工原料，在高温、高压和催化剂的作用下，氢和氨直接化合制成。氨的用途较为广泛，可制作铵盐、硝酸铵和尿素，还可用作冷藏库的制冷剂等等。氨易溶于水，能形成氢氧化铵的碱性溶液。氨在 20℃水中的溶解度为 34%，1 份水能溶 700 份液氨，氨的水溶液叫氨水。

液氨的危害：易气化扩散、易中毒伤亡、易燃烧爆炸、易污染环境、易发生次生事故、处置难度大。

2) 硝酸铵

分子式 NH_4NO_3，氧化剂、强氧化剂，助燃品、爆炸品，有刺激性并伴生毒气。外观为白色晶体、无气味、易吸湿潮解。熔点 169℃，沸点 210℃；相对密度 1.72。

健康危害：刺激皮肤、眼、鼻、咽喉、支气管、肺，过量暴露可引起恶心、呕吐、头痛、虚弱、无力、虚脱，大量接触可引起高铁血红蛋白血症，口服会引起剧烈腹痛、呕吐便血、休克、全身抽搐、昏迷。

液态硝酸铵是指温度为 120℃左右、浓度为 88%～94%可直接用于工业炸药产品生产的硝酸铵溶液。

危险物品临界量参见表 15-3。

(2) 硝酸铵的用途

硝酸铵不仅被用来生产炸药，而且又是一种重要的氮肥。

1) 长期以来，我国工业炸药生产企业都采用固体硝酸铵生产炸药，这一生产方式存在综合能耗高、破碎设备故障率高、维修运行费用高、生产粉尘和噪声大。使用液态硝酸铵则可完全避免上述问题，同时产品质量稳定、经济效益明显、简化生产工序、降低劳动强度、运输使用便捷安全、降低能源消耗、并改善生产环境。

2) 硝酸铵又是一种重要的氮肥，在气温较低地区的旱田作物上，它比硫酸铵和尿素等铵态氮肥肥效快，效果好，在我国、欧洲和北美多数国家使用较为普遍。

(3) 液态硝酸铵的储存

目前各生产线上使用的溶解罐大部分在 $2m^3$ 以下，而运输液体硝酸铵的槽罐车的容积往往在 $10m^3$ 以上。这样，通过槽罐车运来的硝酸铵难以直接排入溶解罐中，必须先卸料储存在较大容积的专用储罐中，然后根据生产需要定量使用。

以大容积储罐为核心的卸料、储存、保温、排料等设施被称之为液体硝酸铵地面站。地面站最主要的功能是储存、保温液体硝酸铵，并根据生产需要将溶液输送至生产工房内的硝酸铵溶解罐中。

该储罐设计有自动控制系统，可进行温度控制、消防控制、紧急切断等操作，使用安全、可靠，也具有保温功能，可防止硝酸铵溶液降温、结晶、沉降。

从减少能耗角度出发，在液体硝酸铵槽罐车、储罐、生产工房内溶解罐三者中，最好能利用地理位置的高差，实现液体硝酸铵的自然进、排料。但由于实际地势条件的限制，往往只能选择一个过程采用动力输送，另一过程靠重力自流落料。于是，按槽罐车、储罐、溶解罐三者位置的高低，将地面站设计为高进低出型、低进高出型、高进高出型、低进低出型、无储罐型等几种方式。

危险物品临界量表 **表 15-4**

类别	危险物品名称和说明	临界量(T)
爆炸品	叠氮化钡	0.5
	叠氮化铅	0.5
	雷酸汞	0.5
	三硝基苯甲醚	5
	三硝基甲苯	5
	硝化甘油	1
	硝化纤维素	10
	硝酸铵(含可燃物>0.2%)	5
易燃气体	丁二烯	5
	二甲醚	50
	甲烷、天然气	50
	氯乙烯	50
	氢	5
	液化石油气(含丙烷、丁烷及其混合物)	50
	一甲胺	5
	乙炔	1
	乙烯	50
毒性气体	氨	10
	二氟化氧	1
	二氧化氮	1
	二氧化硫	20
	氟	1
	光气	0.3
	环氧乙烷	10
	甲醛(含量>90%)	5
	磷化氢	1
	硫化氢	5
	氯化氢	20

续表

类别	危险物品名称和说明	临界量(T)
毒性气体	氯	5
	煤气(CO和H_2、CH_4等的混合物)	20
	砷化三氢(胂)	1
	锑化氢	1
	硒化氢	1
	溴甲烷	10
易燃液体	苯	50
	苯乙烯	500
	丙酮	500
	丙烯腈	50
	二硫化碳	50
	环己烷	500
	环氧丙烷	10
	甲苯	500
	甲醇	500
	汽油	200
	乙醇	500
	乙醚	10
	乙酸乙酯	500
	正己烷	500
易于自燃的物质	黄磷	50
	烷基铝	1
	戊硼烷	1
遇水放出易燃气体的物质	电石	100
	钾	1
	钠	10
氧化性物质	发烟硫酸	100
	过氧化钾	20

续表

类别	危险物品名称和说明	临界量(*T*)
氧化性物质	过氧化钠	20
	氯酸钾	100
	氯酸钠	100
	硝酸(发红烟的)	20
	硝酸(发红烟的除外,含硝酸＞70％)	100
	硝酸铵(含可燃物≤0.2％)	300
	硝酸铵基化肥	1000
有机过氧化物	过氧乙酸(含量≥60％)	10
	过氧化甲乙酮(含量≥60％)	10
毒性物质	丙酮(含氰化物)	20
	丙烯醛	20
	氟化氢	1
	环氧氯丙烷(3-氯-1,2-环氧丙烷)	20
	环氧溴丙烷(表溴醇)	20
	甲苯二异氰酸酯	100
	氯化硫	1
	氰化氢	1
	三氧化硫	75
	烯丙胺	20
	溴	20
	乙撑亚胺	20
	异氰酸甲酯	0.75

注：本表摘自《河北省重大危险源分级评定试行办法》。

参考文献

［1］ 上海市政工程设计研究院. GB 50013—2006 室外给水设计规范 [S]. 北京：中国计划出版社，2006.

［2］ 上海市政工程设计研究总院等. GB 50014—2006 室外排水设计规范（2011 年版）[S]. 北京：中国计划出版社，2012.

［3］ 上海现代建筑设计（集团）有限公司等. GB 50015—2003 建筑给水排水设计规范（2009 年版）[S]. 北京：中国计划出版社，2010.

［4］ 公安部天津消防研究所等. GB 50016—2006 建筑设计防火规范 [S]. 北京：中国计划出版社，2006.

［5］ 中华人民共和国公安部消防局. GB 50045—1995 高层民用建筑设计防火规范（2005 版）[S]. 北京：中国计划出版社，2005.

［6］ 中国建筑科学研究院. GB 50068—2001 建筑结构可靠度设计统一标准 [S]. 北京：中国建筑工业出版社，2002.

［7］ 中国石化工程建设公司. GB 50074—2002 石油库设计规范 [S]. 北京：中国计划出版社，2012.

［8］ 公安部天津消防科学研究所. GB 50084—2001 自动喷水灭火系统设计规范（2005 年版）[S]. 北京：中国计划出版社，2005.

［9］ 中国建筑技术研究院. GB 50096—2011 住宅设计规范 [S]. 北京：中国计划出版社，2012.

［10］ 公安部上海消防研究所. GB 50140—2005 建筑灭火器配置设计规范 [S]. 北京：中国计划出版社，2005.

［11］ 张清林，秘义行，胡晨等. GB 50151—2010 泡沫灭火系统设计规范 [S]. 北京：中国计划出版社，2011.

［12］ 中国石化集团洛阳石油化工工程公司等. GB 50160—2008 石油化工企业设计防火规范 [S]. 北京：中国计划出版社，2009.

［13］ 中国城市规划设计研究院. GB 50180—1993 城市居住区规划设计规范（2002 年版）[S]. 北京：中国标准出版社，2002.

［14］ 中国环境科学研究院. GB 3838—2002 地表水环境质量标准 [S]. 北京：中国环境科学出版社，2002.

［15］ 中国市政工程中南设计院. CJ 3020—93 生活饮用水水源水质标准.

［16］ 中国疾病预防控制中心环境与健康相关产品安全所. GB 5749—2006 生活饮用水卫生标准 [S]. 北京：中国标准出版社，2007.

［17］ 中国疾病预防控制中心职业卫生与中毒控制所等. GBZ 1—2010 工业企业设计卫生标准 [S]. 北京：人民卫生出版社，2010.

[18] 中国成达化学工程公司等. GB 50264—2013 工业设备及管道绝热工程设计规范 [S]. 北京：中国计划出版社，2013.
[19] 上海市消防局等. GB 50067—1997 汽车库、修车库、停车场设计防火规范 [S]. 北京：中国标准出版社，1998.
[20] 五洲工程设计研究院. GB 50089—2007 民用爆破器材工程设计安全规范 [S]. 北京：中国计划出版社，2012.
[21] 中国建筑设计研究院等. CECS 222—2007 小区集中生活热水供应设计规程 [S]. 北京：中国计划出版社，2007.
[22] 公安部天津消防研究所. GB 5135. 5—2003 自动喷水灭火系统 第 5 部分：雨淋报警阀 [S]. 北京：中国标准出版社，2004.
[23] 给水排水设计手册编写组. 给水排水设计手册. 第一册材料设备. 北京：中国工业出版社，1968.
[24] 给水排水设计手册编写组. 给水排水设计手册. 1 常用资料. 北京：中国建筑工业出版社，1973.
[25] 给水排水设计手册编写组. 给水排水设计手册：2 管渠水力计算表. 北京：中国建筑工业出版社，1973.
[26] 给水排水设计手册编写组. 给水排水设计手册. 3 室内给水排水与热水供应. 北京：中国建筑工业出版社，1974.
[27] 给水排水设计手册编写组. 给水排水设计手册. 4 室外给水. 北京：中国建筑工业出版社，1974.
[28] 中国市政工程西南设计院. 给水排水设计手册. 第 1 册常用资料. 北京：中国建筑工业出版社，1986.
[29] 核工业部第二研究设计院. 给水排水设计手册. 第 2 册室内给水排水. 北京：中国建筑工业出版社，1986.
[30] 上海市政工程设计院. 给水排水设计手册. 第 3 册城市给水. 北京：中国建筑工业出版社，1986.
[31] 中国市政工程西南设计研究院. 给水排水设计手册：第 1 册常用资料 [M]. 第二版. 北京：中国建筑工程出版社，2000.
[32] 核工业第二研究设计院. 给水排水设计手册：第 2 册建筑给水排水 [M]. 第二版：北京：中国建筑工业出版社，2001.
[33] 中国核电工程有限公司. 给水排水设计手册：第二版. 第 2 册建筑给水排水 [M]. 北京：中国建筑工业出版社，2012.
[34] 中国建筑设计研究院. 建筑给水排水设计手册：上册 [M]. 第 2 版. 北京：中国建筑工业出版社，2008.
[35] 中国建筑设计研究院. 建筑给水排水设计手册：下册 [M]. 第 2 版. 北京：

中国建筑工业出版社，2008.
[36] 陈耀宗，姜文源，胡鹤钧等. 建筑给水排水设计手册 [M]. 北京：中国建筑工业出版社，1992.
[37] 钟淳昌，戚盛豪. 简明给水设计手册 [M]. 北京：中国建筑工业出版社，1989.
[38] 住房和城乡建设部工程质量安全监管司等. 全国民用建筑工程设计技术措施 [M]. 北京：中国计划出版社，2010.
[39] 中国建筑标准设计研究院. S4（一）：给水排水标准图集室内给水排水管道及附件安装（一）. 北京：中国建筑标准设计研究院. 2004.
[40] 中国建筑标准设计研究院. 04S206：自动喷水与水喷雾灭火设施安装 [S]. 北京：中国建筑标准设计研究院，2005.
[41] “给水工程”教材选编小组. 给水工程：上册 [M]. 北京：中国工业出版社，1961.
[42] 范治纶. 水力学：上册 [M]. 北京：人民教育出版社，1961.
[43] 汤鸿霄. 用水废水化学基础 [M]. 北京：中国建筑工业出版社，1979.
[44] 防火检查手册编辑委员会. 消防灭火设施 [M]. 上海：上海科学技术出版社，1984.

编后心语

新书即将完稿的此时此刻，我情不自禁地想起我国著名的语言学家、文字学家、经济学家，通晓汉、英、法、日四种语言，被誉为“汉语拼音”之父和“百科全书”，一生充满了传奇色彩的周有光。

周老1906年1月13日生于中国江苏常州青果巷，至今实足年龄108岁。象征长寿的四个寿龄（77岁喜寿、88岁米寿、99岁白寿、108岁茶寿）一应俱全，上帝赐予他最宝贵的生命，他福大命大造化大，不愧是名副其实的老寿星。

周老出生在清朝光绪年间，一生中经历了晚清、北洋、国民党政府和新中国四个时期，有人戏称他是“四朝元老”。

他是屈指可数的与爱因斯坦面谈过的中国人。

“周百科”外号是拜连襟沈从文所赐。后来果然做了《简明不列颠百科全书》中文版三位编委之一，其他两位编委是刘尊棋和钱伟长院士。

周老著书写作不计其数。“《群言》杂志是20多年前胡愈之先生创办的，创办时找了20个人写文章，现在19个人都死了，只剩我一个了。”他笑着说，“上帝糊涂，把我忘掉了。”一直到今天，他还每月给《群言》写一篇文章。2010年2月，他写的是《漫谈台湾的语文改革》。

周老这一辈子颇多坎坷，但生性豁达的他，从未被灾难压倒。年轻时得过肺结核，患过抑郁症。结婚时，家里的保姆悄悄拿着他们两人的“八字”去算命，算命先生说他活不到35岁。成家后先遭丧女之痛，6岁的女儿死于阑尾炎。抗战时又差点失去唯一的儿子，儿子被流弹打中肚子，幸亏手术及时，保住了性命。“文化大革命”时，他又屡遭批斗，饱受迫害，家庭也被拆得四分五裂，几次濒临绝境。但是，他以单薄的肩膀，与命运抗争，与恶势力较量，支撑着家庭与事业的双重担子，一路前行。

在他文静柔弱的外表后面，有着常人所不及的坚毅与刚强。

《陋室铭》，就是在“文化大革命”期间他最困难时写成的。那时，他被赶出专家楼，一家三代挤在两间小平房里，只有一点生活费，电话没有了，书橱没有了，连收音机都得听邻居的，可是他却写下了以下乐观幽默的《陋室铭》，与全家共勉。

“山不在高，只要有葱郁的树林。水不在深，只要有洄游的鱼群。这是陋室，只要我唯物主义地快乐自寻。房间阴暗，更显得窗子明亮。书桌不平，更怪我伏案太勤。门槛破烂，偏多不速之客。地板跳舞，欢迎老友来临。卧室就是厨房，饮食方便。书橱兼作菜橱，菜有书香。喜听邻居的收音机送来音乐，爱看素不相识的朋友寄来文章。使尽吃奶气力，挤上电车，借此锻炼筋骨。为打公用电话，出门半里，顺便散步观光。仰望云天，宇宙是我的屋顶。遨游郊外，田野是我的花房。”

在尘世的喧嚣和物欲的横流中，我辈学学他的乐观与豁达，睿智与坚强，像他那样，把灵魂放在高处，让阳光和笑声永远充满我们的生活。

周老德高望重、知识渊博，是我辈楷模。我们和他相比，相差甚远，更该加倍努力为国家建设添砖加瓦。同时要珍惜好日子，过好每一天。

写本书早有心意，只是因身体欠佳拖延至 2013 年 07 月 24 日动笔，2014 年 03 月 24 日成稿，共断断续续用时整八个月。

1. 2012.07.30～08.13 因慢性肾病住院，当时尿蛋白定量① （下略）17167mg/L-白蛋白②（下略）19.4g/L。

2. 出院恢复期 7 个月：

第 1 个月住院复查 2012.09.09 ～ 09.12，3453mg/L-27.4g/L；

第 2 个月住院复查 2012.10.11 ～ 10.14，5364mg/L-25.3g/L；

第 3 个月住院复查 2012.11.09 ～ 11.10，3232mg/L-30.7g/L；

第 4 个月住院复查 2012.12.07 ～ 12.08，3880mg/L-33.2g/L；

第 5 个月住院复查 2013.01.04 ～ 01.05，2693mg/L-34.3g/L；

第 6 个月住院复查 2013.02.06 ～ 02.07，2018mg/L-38.9g/L；

第 7 个月住院复查 2013.03.06 ～ 03.07，791mg/L-39.6g/L。

3. 维持阶段 5 个月：2013.08.13 复查，196.3mg/L-43.2g/L。

注：①尿蛋白定量参考值 0～150mg/L；②白蛋白参考值 35～55g/L（2013.02 起改为 40～55g/L）。

我之所以言及自己的病情，就是因为我熟知作学问者有时太慢待自身，年轻时无所谓，一旦到年龄病就来了。这几年我由衷感到：真是病来如山倒，治病如抽丝。

出院恢复期曾几次伏案写作，但力不从心只能望而却步静心养病，此时才觉身体不愧是革命的本钱。好在我的肾病是原发性，是开始得的这个疾病，和其他疾病无关，还无大碍。就 5 个月维持阶段化验结果，对于古稀老人已属正常，自我感觉也不错。新书即将面世之时，我衷心感谢北医三院仁心仁术，大医精诚对我的精心治疗；感谢我的家人（老伴、子女）在生活起居、疾病治疗等多方面无微不至的关怀；感谢各位同仁竭力帮衬。